四川省示范性高职院校建设项目成果

校企合作共同编写，与企业对接，实用性强

U0296875

数控系统调试与维护

主　编　杨金鹏　曾祥兵

副主编　燕杰春

主　审　尹存涛

西南交通大学出版社

·成都·

图书在版编目（CIP）数据

数控系统调试与维护 / 杨金鹏，曾祥兵主编. —成都：西南交通大学出版社，2014.8（2023.1 重印）
四川省示范性高职院校建设项目成果
ISBN 978-7-5643-3245-7

Ⅰ. ①数… Ⅱ. ①杨… ②曾… Ⅲ. ①数控机床－调试方法－高等职业教育－教材②数控机床－维修－高等职业教育－教材 Ⅳ. ①TG659

中国版本图书馆 CIP 数据核字（2014）第 177163 号

四川省示范性高职院校建设项目成果

数控系统调试与维护

主编 杨金鹏 曾祥兵

责 任 编 辑	李芳芳
助 理 编 辑	罗在伟
特 邀 编 辑	李 伟
封 面 设 计	米迦设计工作室
	西南交通大学出版社
出 版 发 行	（四川省成都市二环路北一段 111 号 西南交通大学创新大厦 21 楼）
发行部电话	028-87600564 028-87600533
邮 政 编 码	610031
网 址	http://www.xnjdcbs.com
印 刷	成都蓉军广告印务有限责任公司
成 品 尺 寸	185 mm × 260 mm
印 张	15.5
字 数	384 千字
版 次	2014 年 8 月第 1 版
印 次	2023 年 1 月第 3 次
书 号	ISBN 978-7-5643-3245-7
定 价	35.00 元

序

　　2014 年 6 月 23 至 24 日，全国第七次职业教育工作会议在北京召开，中共中央总书记、国家主席、中央军委主席习近平就加快职业教育发展作出重要指示。他强调，职业教育是国民教育体系和人力资源开发的重要组成部分，是广大青年打开通往成功成才大门的重要途径，肩负着培养多样化人才、传承技术技能、促进就业创业的重要职责，必须高度重视、加快发展。

　　在国家大力发展职业教育、创新人才培养模式的新形势下，加强高职院校教材建设及课程资源建设，是深化教育教学改革和全面培养技术技能人才的前提和基础。

　　近年来，四川信息职业技术学院坚持走"根植信息产业、服务信息社会"的特色发展之路，始终致力于打造西部电子信息高端技术技能人才培养高地，立志为电子信息产业和区域经济社会发展培养技术技能人才。在省级示范性高等职业院校建设过程中，学院通过联合企业全程参与教材开发与课程建设，组织编写了涉及应用电子技术、软件技术、计算机网络技术、数控技术四个示范建设专业的具有较强指导作用和较高现实价值的系列教材。

　　在编著过程中，编著者基于"理实一体"、"教学做一体化"的基本要求，秉承新颖性、实用性、开放性的基本原则，以校企联合为依托，基于工作过程系统化课程开发理念，精心选取教学内容、优化设计学习情境，最终形成了这套示范系列教材。本套教材充分体现了"企业全程参与教材开发、课程内容与职业标准对接、教学过程与生产过程对接"的基本特点，具体表现在：

　　一是编写队伍体现了"校企联合、专兼结合"。教材以适应技术技能人才培养为需求，联合四川军工集团零八一电子集团、联想集团、四川长征机床集团有限公司、宝鸡机床集团有限公司等知名企业全程参与教材开发，编写队伍既有企业一线技术工程师，又有学校的教授、副教授，专兼搭配。他们既熟悉国家职业教育形势和政策，又了解社会和行业需求；既懂得教育教学规律，又深谙学生心理。

　　二是内容选取体现了"对接标准，立足岗位"。教材编写以国家职业标准、行业标准为指南，有机融入了电子信息产业链上的生产制造类企业、系统集成企业、应用维护企业或单位的相关技术岗位的知识技能要求，使课程内容与国家职业标准和行业企业标准有机融合，学生通过学习和实践，能实现从学习者向从业者能力的递进。突出了课程内容与职业标准对接，使教材既可以作为学校教学使用，也可作为企业员工培训使用。

　　三是内容组织体现了"项目导向、任务驱动"。教材基于工作过程系统化理念开发，采用"项目导向、任务驱动"方式组织内容，以完成实际工作中的真实项目或教学迁移项目为目标，通过核心任务驱动教学。教学内容融基础理论、实验、实训于一体，注重培养学生安全意识、团队意识、创新意识和成本意识，做到了素质并重，能让学生在模拟真实的工作环境中学习和实践，突出了教学过程与生产过程对接。

四是配套资源体现了"丰富多样、自主学习"。本套教材建设有配套的精品资源共享课程（见 http://www.scitc.com.cn/），配置教学文档库、课件库、素材库、习题及试题库、技术资料库、工程案例库，形成了立体化、资源化、网络化的开放式学习平台。

尽管本套教材在探索创新中还存在有待进一步提升之处，但仍不失为一套针对高职电子信息类专业的好教材，值得推广使用。

此为序。

四川省高职高专院校
人才培养工作委员会主任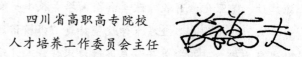

前　言

随着社会的进步，科技的发展，数控机床已经在机械制造业中得到广泛应用，数量也越来越多。在我国，几乎所有的机床品种都有了数控机床，并且还发展了一些新的品种，这极大地推动了我国现代制造技术的发展。由于机床数控系统技术复杂、种类繁多，现在数控机床的"使用难、维修难"问题，已经是影响其有效利用的首要问题。

本书是校企合作教材，由四川长征机床集团有限公司、宝鸡机床集团有限公司等企业的技术专家与四川信息职业技术学院数控技术专业一线资深教师共同编写而成。本书充分体现了课程改革新理念，具有以下特色：

（1）内容项目任务化，凸显应用性和实践性。本书按照数控系统的应用特点，从机床的实际结构出发，以功能模块为主线，突出应用性；以技能培养为主线，突出实践性，彰显职业教育特点。

（2）企业专家把关，确保技术先进性和权威性。四川长征机床集团有限公司、宝鸡机床集团有限公司的工程技术人员参与重点章节的编写，书中涉及的主要技术资料、实战演练均来自企业。

（3）体现课改理念，创新教材编写风格。本书的编写风格适用于具有职业教育特色的"边学边做、边做边学"的教学模式，同时基于工作导向教学原则下的各种教学方法，操作步骤要点突出。

（4）体现让学生学有所思、学有所得、学有所乐、学有所用的创新教学资源。

本书共4个项目，11个任务，读者可以根据教学和培训的具体情况选用。

本书由杨金鹏、曾祥兵担任主编，燕杰春、王小虎担任副主编，尹存涛担任主审，杨金鹏负责统稿。编写分工如下：项目一由宝鸡机床集团有限公司鲁亚莉工程师和四川信息职业技术学院王小虎共同编写，项目二由四川长征机床集团有限公司曾祥兵高级工程师和四川信息职业技术学院杨金鹏共同编写，项目三由宝鸡机床集团有限公司李恩科工程师和四川信息职业技术学院陈志平共同编写，项目四由四川长征机床集团有限公司王琳高级工程师和四川信息职业技术学院何为共同编写。

本书在编写过程中参考了大量的企业文献资料，在此向文献资料的作者致以诚挚的谢意。

由于编者水平及编写时间有限，书中难免有不妥之处，恳请广大读者批评指正。

编　者

2014年5月

目　录

项目一　数控机床认识与操作

【知识目标】

（1）熟悉数控机床基本操作。

（2）熟悉数控系统显示画面及其操作。

【能力目标】

（1）能正确完成数控机床基本操作。

（2）能正确运用和操作各种数控系统显示画面。

【职业素养】

（1）培养学生高度的责任心和耐心。

（2）培养学生动手、观测、分析问题、解决问题的能力。

（3）培养学生查找资料和自学的能力。

（4）培养学生与他人沟通的能力，塑造自我形象、推销自我。

（5）培养学生的团队合作意识及具备企业员工意识。

任务一　数控机床基本操作

【工作内容】

（1）对数控机床的整体结构与组成进行描述。

（2）认识数控机床的面板与布局。

（3）对数控机床进行基本操作。

【知识链接】

一、认识数控机床

1. 数控机床的结构与组成

数控机床是一种装有程序控制系统的自动化机床，它属于机电一体化设备，能够逻辑地处理具有控制编码或其他符号指令规定的程序，并将其译码，从而使机床动作，完成加工。图 1.1.1 为立式数控铣床的外观结构。

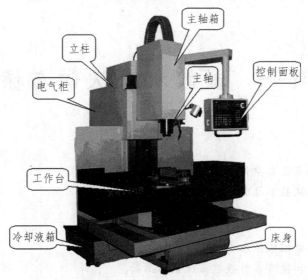

图 1.1.1　立式数控铣床

数控机床的组成如图 1.1.2 所示。

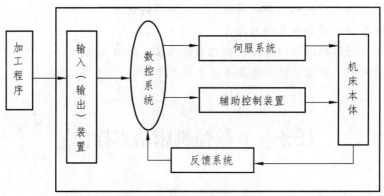

图 1.1.2　数控机床的组成

（1）输入/输出装置。

输入装置的作用是将数控加工信息读入数控系统的内存，并进行存储。常用的输入装置有手动输入（MDI）方式和远程通信方式等。输出装置的作用是为操作人员提供必要的信息，如各种故障信息和操作提示等。常用的输出装置有显示器和打印机等。

（2）数控系统。

数控系统是数控机床实现自动加工的核心单元，它能够对数控加工信息进行数据运算处理，然后输出控制信号，控制各坐标轴移动，从而使数控机床完成加工任务。数控系统通常由硬件和软件组成。目前，数控系统普遍采用通用计算机作为主要的硬件部分；而软件部分主要是指主控制系统软件，如数据运算处理控制和时序逻辑控制等。数控加工程序通过数据运算处理后，输出控制信号，控制各坐标轴移动；而时序逻辑控制主要是由可编程控制器（PLC）完成加工中各个动作的协调，使数控机床有序工作。

（3）伺服系统。

伺服系统是数控系统和机床本体之间的传动环节。它主要接收来自数控系统的控制信息，并将其转换成相应坐标轴的进给运动和定位运动，伺服系统的精度和动态响应特性直接影响机床本体的生产率、加工精度和表面质量。伺服系统主要包括主轴伺服和进给伺服两大单元。伺服系统的执行元件有功率步进电动机、直流伺服电动机和交流伺服电动机。

（4）辅助控制装置。

辅助控制装置是保证数控机床正常运行的重要组成部分。它主要是完成数控系统和机床之间的信号传递，从而保证数控机床的协调运动和加工的有序进行。

（5）反馈系统。

反馈系统的主要任务是对数控机床的运动状态进行实时检测，并将检测结果转换成数控系统能识别的信号，以便于数控系统能及时根据加工状态进行调整、补偿，保证加工质量。数控机床的反馈系统主要由速度反馈和位置反馈组成。

（6）机床本体。

机床本体是数控机床的机械结构部分，是数控机床完成加工的最终执行部件。

2. 数控机床操作面板的布局与功能

数控机床操作面板一般分为横式和竖式两种，分别如图 1.1.3、图 1.1.4 所示。

图 1.1.3　竖式面板

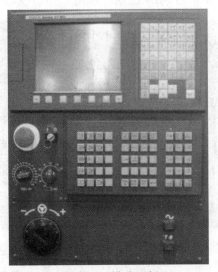

图 1.1.4　横式面板

（1）操作面板的布局。

数控机床面板各功能区域的布局如图 1.1.5 所示。

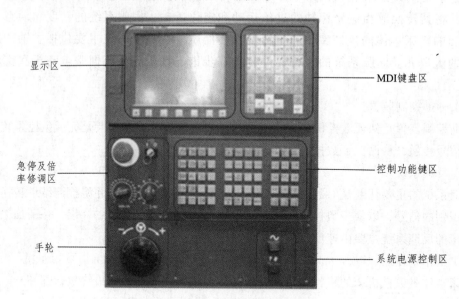

显示区

MDI 键盘区

急停及倍率修调区

控制功能键区

手轮

系统电源控制区

图 1.1.5　面板区域布局

① 显示区：根据显示功能键的不同而显示机床不同的操作信息。

② MDI 键盘区：与控制功能区搭配选择不同的显示模式、系统参数、系统操作信息的输入/输出及加工程序编辑等。

③ 控制功能键区：控制选择机床的工作状态及工作模式等。

④ 急停及倍率修调区：控制数控机床的紧急停止状态，调节主轴或进给倍率。

⑤ 系统电源控制区：控制系统电源的接通与关闭。

（2）各个区域的功能。

① 显示区与 MDI 键盘区如图 1.1.6 所示。

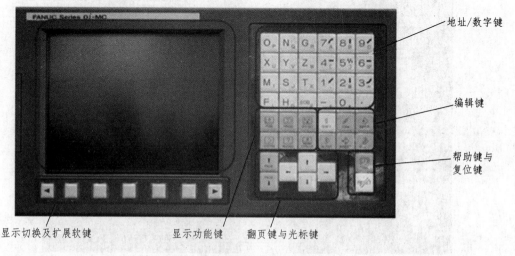

地址/数字键

编辑键

帮助键与复位键

显示切换及扩展软键　　　显示功能键　　翻页键与光标键

图 1.1.6　显示区与 MDI 键盘区

MDI 键盘区各按键功能如表 1.1.1 所示。

表 1.1.1 MDI 键盘区软键功能

MDI 软键	功 能
PAGE PAGE	软键 PAGE 实现左侧 CRT 中显示内容的向上翻页；软键 PAGE 实现左侧 CRT 显示内容的向下翻页
↑ ← ↓ →	移动 CRT 中的光标位置。软键 ↑ 实现光标的向上移动；软键 ↓ 实现光标的向下移动；软键 ← 实现光标的向左移动；软键 → 实现光标的向右移动
O N G R X Y Z M S T F H EOB	实现字符的输入。点击 SHIFT 键后再点击字符键，将输入右下角的字符。例如，点击 O 键，将在 CRT 的光标所在位置输入 "O" 字符，点击软键 SHIFT 后再点击 O 键将在光标所在位置处输入 "P" 字符。软键中的 "EOB" 将输入 ";" 号，表示换行结束
7 8 9 4 5 6 1 2 3 − 0 .	实现字符的输入。例如，点击软键 5，将在光标所在位置输入 "5" 字符，点击软键 SHIFT 后再点击 5 键，将在光标所在位置处输入 "]"
POS	在 CRT 中显示坐标值
PROG	CRT 将进入程序编辑和显示界面
OFFSET SETTING	CRT 将进入参数补偿显示界面
SYS-TEM	系统显示界面，可以在此界面进行参数的设置
MESS-AGE	报警信息显示界面，能够实时显示机床的报警信息
CUSTOM GRAPH	在自动运行状态下将数控显示切换至轨迹模式
SHIFT	输入字符切换键
CAN	删除单个字符
INPUT	将数据域中的数据输入指定的区域
ALTER	字符替换
INSERT	将输入域中的内容输入到指定区域
DELETE	删除一段字符
HELP	显示数控系统相关帮助信息
RESET	机床复位

② 控制功能键区如图 1.1.7 所示。

图 1.1.7 控制功能键区

控制功能键区各按键功能如表 1.1.2 所示。

表 1.1.2 控制功能键区按键功能

按 钮	名 称	功 能
	自动运行	此按钮被按下后，系统进入自动加工模式
	编 辑	此按钮被按下后，系统进入程序编辑状态
	MDI	此按钮被按下后，系统进入 MDI 模式，手动输入并执行指令
	远程执行	此按钮被按下后，系统进入远程执行模式，即 DNC 模式，输入/输出资料
	单 节	此按钮被按下后，运行程序时每次执行一条数控指令
	单节忽略	此按钮被按下后，数控程序中的注释符号 "/" 有效
	选择性停止	此按钮被按下后，"M01" 代码有效
	机械锁定	锁定机床
	试运行	空运行
	进给保持	程序运行暂停，在程序运行过程中，按下此按钮，运行暂停。按 "循环启动" [止] 恢复运行
	循环启动	程序运行开始；系统处于 "自动运行" 或 "MDI" 位置时按下有效，其余模式下使用无效
	循环停止	程序运行停止，在数控程序运行中，按下此按钮后，停止程序运行
	回原点	机床处于回零模式。机床必须首先执行回零操作，然后才可以运行
	手动	机床处于手动模式，连续移动

续表 1.1.2

按　钮	名　称	功　能
⌇	手动脉冲	机床处于手轮控制模式
⊙	手动脉冲	机床处于手轮控制模式
X	X 轴选择按钮	手动状态下 X 轴选择按钮
Y	Y 轴选择按钮	手动状态下 Y 轴选择按钮
Z	Z 轴选择按钮	手动状态下 Z 轴选择按钮
+	正向移动按钮	手动状态下，点击该按钮，系统将向所选轴正向移动。在回零状态时，点击该按钮，将所选轴回零
-	负向移动按钮	手动状态下，点击该按钮，系统将向所选轴负向移动
快速	快速按钮	点击该按钮，将进入手动快速状态
⊣ ⊢ ⊢	主轴控制按钮	依次为：主轴正转、主轴停止、主轴反转
ON	系统电源开关	系统电源开
OFF	系统电源开关	系统电源关
⊙	主轴倍率选择旋钮	将光标移至此旋钮上后，通过点击鼠标的左键或右键来调节主轴旋转倍率
⊙	进给倍率	调节运行时的进给速度倍率
⟲	急停按钮	按下急停按钮，使机床移动立即停止，并且所有的输出（如主轴的转动等）都会关闭
手持单元选择	手持单元选择	与"手轮"按钮配合使用，用于选择手轮方式
辅助功能锁住	辅助功能锁住	在自动运行程序前，按下此按钮，程序中的 M、S、T 功能被锁住不执行
Z轴锁住	Z 轴锁住	在手动操作或自动运行程序前，按下此按钮，Z 轴被锁住，不产生运动
主冷却液	主冷却液	按下此按钮，冷却液打开；复选此按钮，冷却液关闭
手动润滑	手动润滑	按下此按钮，机床润滑电机工作，给机床各部分润滑；松开此按钮，润滑结束。一般不用该功能
限位解除	限位解除	用于坐标轴超程后的解除。当某坐标轴超程后，该按钮灯亮，点按此按钮，然后将该坐标轴移出超程区。超程解除后需回零
X1 X10 X100 X1000	增量倍率	当选择了"手轮或步进"功能时，可以通过该 4 个按钮选择手轮移动倍率

（3）显示页面操作基本知识。

① 功能键和软键。

功能键用于选择所显示页面（功能）的种类，在按某功能键后再按软键（章节选择软键），即可显示属于各功能的页面（章节），如图1.1.6所示。

② 页面显示步骤。

数控系统操作页面的显示步骤如下：

步骤1：通过按MDI面板上的功能键，即可显示属于该功能的章节选择菜单，如图1.1.8所示。

图 1.1.8　章节选择菜单

步骤2：选择一个章节选择菜单（即按该菜单下面对应的软键），出现该章节的页面。如未显示目标章节的菜单，则选择"+"扩展菜单。有时在一章内可以选择多个章节。

步骤3：出现希望显示的章节的页面时，选择"操作"，显示操作选择菜单。通过地址/数字键的输入，有时也会自动显示操作选择菜单，如图1.1.9所示。

图 1.1.9　操作选择菜单

步骤4：选择操作选择菜单（即按该菜单下面对应的软键）选择目标操作。根据将要执行的操作，显示辅助菜单，按照辅助菜单的显示进行操作，如图1.1.10所示。

图 1.1.10　辅助菜单

步骤5：若希望返回到章节选择菜单时，选择返回菜单。

二、数控机床基本操作

1. 开机与回零

（1）开机。

① 打开机床电源开关。

② 打开控制面板上的控制系统电源开关（"ON"按钮），系统自检。

③ 系统自检完毕后，旋开急停开关。

（2）关机。

关机前，将工作台放于中间位置，Z 轴处于较高位置（严禁停放在零点位置）。

① 按下急停开关。

② 按控制面板上的控制系统电源开关（"OFF"按钮）。

③ 关闭机床电源开关。

（3）回零。

在数控机床正常开机后，应首先进行回零操作。对于立式数控铣床，为了保证安全，一般应先将 Z 轴回零，然后再将 Y、X 轴回零。

在回零之后，应及时退出零点，先退 –X 方向，再退 –Y 方向，最后退 –Z 方向，将工作台处于床身中间位置，主轴处于较高位置。

2. 坐标轴的移动

数控机床坐标轴的移动可以通过手动方式或手轮方式操作。

（1）手动方式。

① 选择工作方式手动键 mm 。

② 选择需要移动的坐标轴按钮 X 或 Y 或 Z 。

③ 选择移动方向按钮 + 或 – ，移动坐标轴。

（2）手轮方式。

数控铣床手轮外观如图 1.1.11 所示。

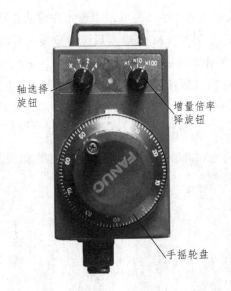

图 1.1.11　手轮

① 手轮操作生效。

当需要使用手轮时，操作方法如下：

a. 选中机床面板上的 ⊙ 按钮。

b. 通过手轮上的"轴选择旋钮"选择需要移动的坐标轴。

c. 通过手轮"增量倍率选择旋钮"选择合适的移动倍率。

d. 旋转"手摇轮盘"移动坐标轴。顺时针旋转为坐标轴正向移动，逆时针旋转为负向移动，旋转速度的快慢可以控制坐标轴的运动速度。

② 关闭手轮。

通过切换为非手轮方式的其他任一方式来关闭手轮。

3. MDI 操作

在进行数控系统调试与维护的过程中，经常会通过采用 MDI 方式运行简单的程序来检验系统的调试过程及调试结果，或者在 MDI 方式下设置数控系统的相关参数。

（1）MDI 方式执行程序。

具体操作方法如下：

① 选择 方式，再选择 PROG，将显示切换为程序界面。

② 使用 MDI 键盘输入要执行的程序，如"M03 S500;"。

③ 选择控制面板上的 ，执行程序。

（2）MDI 方式设置系统参数。

① 选择 方式。

② 选择 ，再选择【设定】功能软键，将显示切换为设定界面，如图 1.1.12 所示。

③ 通过两种方式设置参数。

a. 将"参数写入"方式修改为 1 或 0，可以实现允许或禁止写入系统参数。当将其改为 1 时，按 MDI 键盘上的功能键 SYSTEM 可进入系统参数显示页面，如图 1.1.13 所示，通过光标键及地址数字键可以编辑系统参数。参数写入完成后，进行设定显示页面，将"参数写入"方式重新修改为 0，禁止写入系统参数，如图 1.1.12 所示。

b. 将"参数写入"方式修改为 1 或 0，可以实现允许或禁止写入系统参数。当将其改为 1 时，通过翻页键选择需要设置的参数。

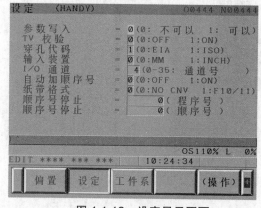

图 1.1.12　设定显示页面

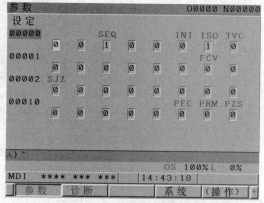

图 1.1.13　系统参数显示页面

【实战演练】

一、手动移动 X 坐标轴

步骤 1：按控制功能键 ▨ 。

步骤 2：按 "X" 坐标轴按钮。

步骤 3：按下 " + " 按钮不松开，X 坐标轴向正方向移动，按下 " – " 按钮不松开，X 坐标轴向负方向移动。

二、启动主轴正转，转速 300 r/min

步骤 1：按控制功能键 "MDI"。

步骤 2：按 MDI 键盘上的功能键 PROG ，显示器中显示为程序页面。

步骤 3：通过 MDI 键盘上的地址/数字键输入程序指令 "M03 S300;"。

步骤 4：按控制功能键 ⃞ ，启动程序，主轴正转开始，转速为 300 r/min。

任务二　数控系统显示画面及操作

【工作内容】

（1）对 NC 初始化显示界面操作。

（2）对功能键 POS 显示界面与切换操作。

（3）对功能键 PROG 显示界面与切换操作。

（4）对功能键 SYSTEM 显示界面与切换操作。

（5）对功能键 MESSAGE 显示界面与切换操作。

【知识链接】

　　FANUC 数控系统维护与维修涉及很多相关维护与维修信息的查询和设置。为了使维护与维修人员便于诊断故障，FANUC 数控系统开发了系统配置页面、系统诊断显示页面、系统维护信息显示页面、MESSAGE 信息显示页面、PMC 诊断与维修页面、伺服维护信息显示页面、主轴伺服维护信息显示页面等。数控系统维修最主要的是通过诊断分析找到故障点，而这些诊断工具为维修提供了方便。

一、NC 初始化显示界面

当系统电源接通时，显示器中可以显示插槽状态、模块设定结束等待画面以及软件构成画面；若检测到硬件故障或安装错误时，此画面停止。各显示画面如图 1.2.1 ~ 1.2.3 所示。

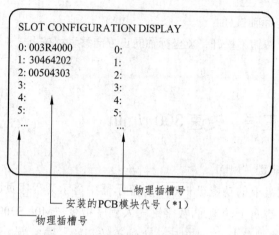

图 1.2.1　插槽状态显示

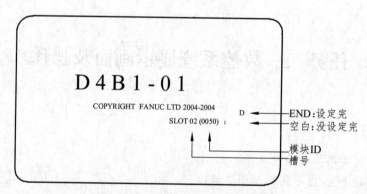

图 1.2.2　模块设定结束等待画面

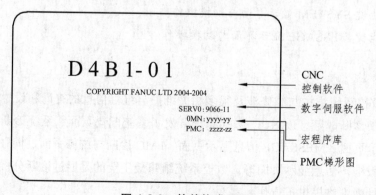

图 1.2.3　软件构成画面

二、功能键 POS 显示界面与切换

选择功能键 POS ，进入位置显示画面，通过不同软键的切换，可切换为不同显示界面，如图 1.2.4 所示。

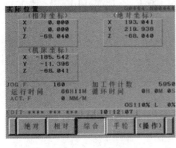
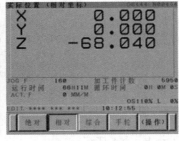

（a）综合坐标界面　　　　　　　（b）相对坐标界面　　　　　　　（c）绝对坐标界面

图 1.2.4　功能键 POS 各显示界面

三、功能键 PROG 显示界面与切换

（1）在 MEM 方式下切换。将工作方式选择为 , 完成以下几个界面的切换。

① 选择【程序】软功能键，打开程序编辑界面，该界面显示正在加工的程序。

② 选择【检测】软功能键，打开程序检测界面，该界面可以在显示加工程序的同时，显示加工坐标位置与待走量。

（2）在 EDIT 方式下切换。将工作方式选择为 , 完成以下几个界面的切换。

① 选择【程序】软功能键，打开程序编辑界面，该界面显示正在编辑的程序。

② 选择【列表】软功能键，打开程序列表界面，该界面通过列表的形式显示当前系统中的所有程序。

四、功能键 SYSTEM 显示界面与切换

SYSTEM 显示功能界面中包含了数控系统所有的参数，数控系统调试与维护人员常常通过该界面中的显示内容确定系统的运行状态。

1. 系统配置页面

系统正常启动后，通过观察系统配置页面，即可了解所安装的硬件和软件的种类。图 1.2.5 为系统硬件配置显示页面，图 1.2.6 为系统软件配置显示页面。

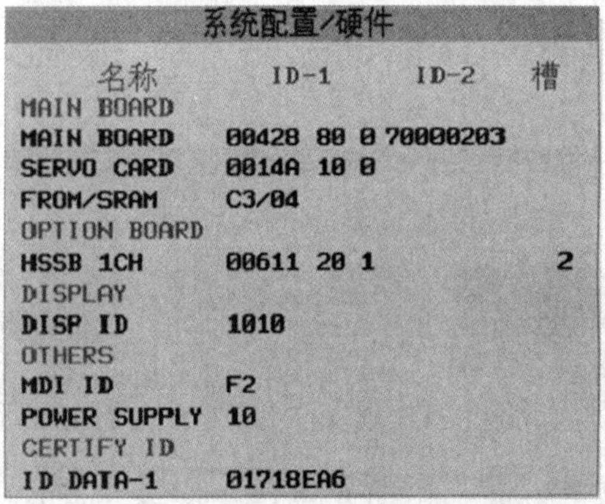

图 1.2.5　系统硬件配置显示页面 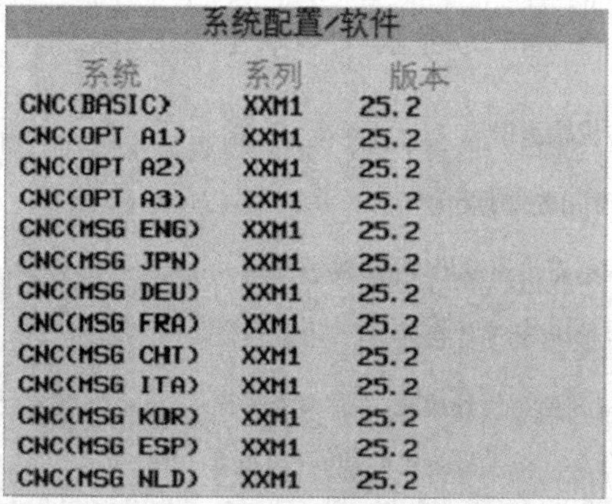　　　图 1.2.6　系统软件配置显示页面

图 1.2.5 上显示的内容的含义如表 1.2.1 所示。

表 1.2.1　系统硬件配置显示页面内容

名　称	含　义
MAIN BOARD	显示主板及主板上的卡、模块信息
OPTION BOARD	显示安装在插槽上的可选板信息
DISPLAY	显示与显示器相关的信息
OTHERS	显示其他（MDI 和基本单元等）信息
CERTIFY ID	显示 CNC 识别编号的 ID 信息
槽	显示安装有可选的插槽号

图 1.2.6 上显示的内容的含义如表 1.2.2 所示。

表 1.2.2　系统软件配置显示页面内容

名　称	含　义
系　统	软件的种类
系　列	软件的系列
版　本	软件的版本
CNC（BASIC）	CNC 基础软件
CNC（OPT A1）	可选组件 A1
CNC（OPT A2）	可选组件 A2
CNC（OPT A3）	可选组件 A3
CNC（MSG ENG）	语言显示（英语）
CNC（MSG JPN）	语言显示（日语）
CNC（MSG DEU）	语言显示（德语）
CNC（MSG FRA）	语言显示（法语）

续表 1.2.2

名　称	含　义
CNC（MSG CHT）	语言显示（中文繁体）
CNC（MSG ITA）	语言显示（意大利语）
CNC（MSG KOR）	语言显示（韩语）
CNC（MSG ESP）	语言显示（西班牙语）
CNC（MSG NLD）	语言显示（荷兰语）

2. 系统诊断显示页面

系统启动后，按 MDI 面板上的功能键 $\boxed{\text{SYSTEM}}$，再选择软功能键【诊断】，打开系统诊断显示页面，如图 1.2.7 所示。

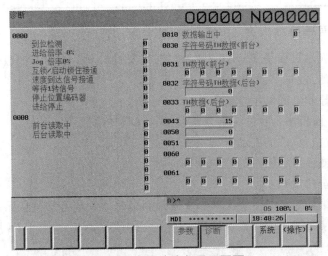

图 1.2.7　系统诊断显示页面

图 1.2.7 上显示的内容的含义如表 1.2.3 所示。

表 1.2.3　系统诊断显示页面内容

诊断号	内　容	含　义
0000	到位检测	为 1 时，到位检测中
	进给倍率 0%	为 1 时，进给速度倍率为 0%
	JOG 倍率 0%	为 1 时，进给速度倍率为 0%
	互锁/启动锁住接通	为 1 时，互锁/启动锁住接通
	速度到达信号接通	为 1 时，速度到达信号接通
	等待 1 转信号	为 1 时，螺纹切削中，等待主轴旋转 1 周信号
	停止位置编码器	为 1 时，主轴每转进给中等待位置编码器的旋转
	进给停止	为 1 时，进给停止中

续表 1.2.3

诊断号	内　容	含　义
0008	前台读取中	为 1 时，前台数据输入中
	后台读取中	为 1 时，后台数据输入中
0010	数据输出中	经由阅读机、穿孔机接口输出数据的情况下，显示 1
0030	字符号码 TH 数据（前台）	以从程序段开关的字符数来显示前台编辑输入中发生 TH 报警的字符位置
0031	TH 数据（前台）	显示前台编辑输入中发生 TH 报警的字符读取代码
0032	字符号码 TH 数据（后台）	以从程序段开关的字符数来显示后台编辑输入中发生 TH 报警的字符位置
0033	TH 数据（后台）	显示后台编辑输入中发生 TH 报警的字符读取代码
0043	15	CNC 页面当前显示语言的编号（中文简体）

3. 系统维护信息显示页面

系统维护信息显示页面是 FANUC 数控系统以及机械制造商的维护服务人员进行维护时可以记录维护信息的页面。

系统维护信息显示页面的特点如下：

（1）可由 MDI 面板输入字母（半角假名输入仅限日语显示）。

（2）页面可通过行单位的卷动进行查看。

（3）可以输入或输出编辑过的维护信息。

（4）可以显示全角代码。

（5）选择系统维护信息显示页面时，显示最新信息。系统维护信息显示页面最下面显示状态（如方式、空字符数、当前光标行数、当前光标列数等），如图 1.2.8 所示。

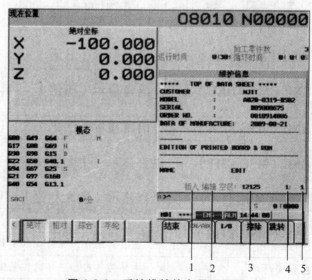

图 1.2.8　系统维护信息显示页面

1—覆盖/插入；2—编辑/读入；3—空字符数；4—当前光标行数；5—当前光标列数

图 1.2.8 上显示的内容的含义如表 1.2.4 所示。

表 1.2.4 系统维护信息显示页面内容

序号	名 称	含 义
1	覆盖/插入	覆盖:覆盖输入方式;插入:插入输入方式
2	编辑/读入	编辑:编辑方式,可以进行编辑;读入:读入方式,不可以进行编辑
3	空字符数	半角字符的空字符数
4	当前光标行数	当前光标所指向的行的位置
5	当前光标列数	当前光标所指向的列的位置

在系统维护信息页面上,选择软功能键【编辑】进入编辑方式,再选择软功能键【结束】进入读入方式。

初始状态为读入方式,希望进入编辑方式时,选择软功能键【(操作)】→【编辑】进入编辑方式。编辑结束时,务必选择【结束】,并选择【保存】或【退出】。当选择了【保存】时,将已经编辑的数据保存到 FLASH ROM 中。当选择了【退出】时,数据不保存。记录内容读入时,页面的卷动通过 MDI 面板的光标键或翻页键进行。

4. PMC 诊断与维修页面

选择 MDI 面板上的功能键 SYSTEM,再选择软功能键【 + 】,出现 PMC 显示页面,如图 1.2.9 所示。图中显示了多个菜单,每一个菜单对应一个 PMC 的子页面。

选择菜单【PMC 维护】,显示 PMC 信号状态的监控、跟踪,PMC 数据的显示、编辑等与 PMC 相关的页面,同样会出现多个菜单对应的子页面。其中,【信号状态】菜单可以显示 PMC 里各个地址的当前状态,选择后出现的页面如图 1.2.10 所示。

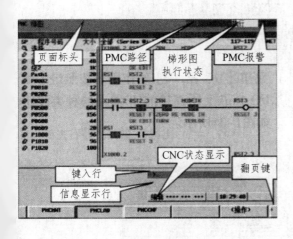

图 1.2.9 PMC 显示页面

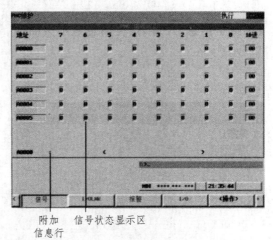

图 1.2.10 PMC 信号状态显示页面

在 PMC 信号状态显示页面中，显示出在程序中指定的所有地址的内容。地址的内容以位模式（0、1）显示，最右边每个字节以十六进制数字或十进制数字显示。页面下部的附加信息行中，显示光标所示地址的符号和注释。光标对准在字节单位上时，显示字节符号和注释。

选择菜单【PMCLAD】，进入梯形图监控显示画面，如图 1.2.11 所示。在该显示画面下，可以检索所需的信号、精确读取信号的状态、初始化触发参数、指定触发状态、分割显示梯形图、显示功能指令参数以及编辑正在执行的程序。

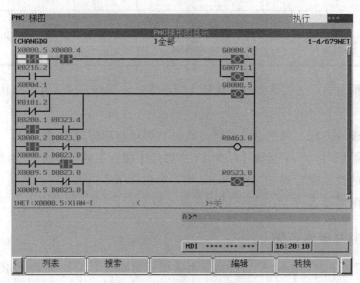

图 1.2.11　PMCLAD 界面

菜单【I/O LINK】的作用是按照组的顺序显示 I/O LINK 上所连接的 I/O 单元的种类和 ID 代码，如图 1.2.12 所示。

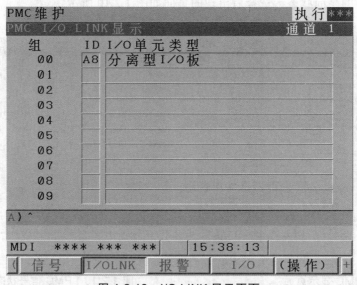

图 1.2.12　I/O LINK 显示页面

　　菜单【报警】的作用是显示 PMC 程序错误报警信息。当报警信息显示于多页时，可以用翻页键来进行翻页显示。PMC 报警信息显示页面如图 1.2.13 所示。

　　选择菜单【I/O】时，出现 PMC 数据输入/输出显示页面，在此页面中可以很方便地选择输入/输出 PMC 数据，如图 1.2.14 所示。在此页面中，顺序程序、PMC 以及信息可被写入指定的装置，并从装置读出和核对，移动光标可进行内容选择。在【装置】栏中移动内容选择光标，可以选择设备。

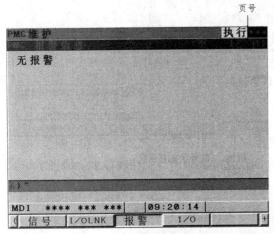

图 1.2.13　PMC 报警信息显示页面

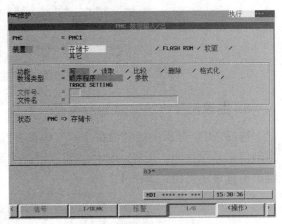

图 1.2.14　PMC 数据输入/输出显示页面

5. 伺服维护信息显示页面

　　在伺服驱动系统中，由各伺服连接设备输出的 ID 信息输出到 CNC 屏幕上，即伺服维护信息显示页面。具有 ID 信息的设备有如下几种：

　　① 伺服电机。

　　② 脉冲编码器。

　　③ 伺服放大器。

　　④ 电源模块。

　　CNC 启动时，自动从各伺服连接设备读出并记录 ID 信息。从下一次起，对首次记录的 ID 信息和当前读出的 ID 信息进行比较，由此就可以监视所连接的伺服设备变更情况（当记录与实际情况不一致时，显示表示警告的标记"*"）。

　　在此可以对存储的 ID 信息进行编辑。由此就可以显示不具备 ID 信息的伺服设备的 ID 信息（但是当记录与实际情况不一致时，显示标记"*"）。

　　选择 MDI 面板上的功能键 SYSTEM ，再选择软功能【系统】，然后选择【伺服】，出现伺服信息显示页面，如图 1.2.15 所示。在伺服信息显示页面中，当所显示的 ID 信息与实际 ID 信息不一致时，项目左侧显示"*"。

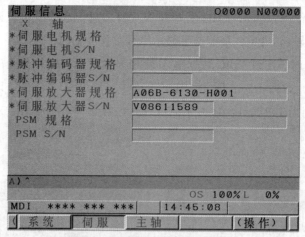

图 1.2.15　伺服信息显示页面

6. 主轴伺服维护信息显示页面

选择 MDI 面板上的功能键 SYSTEM，再选择软功能【系统】，然后选择【主轴】，出现主轴信息显示页面，由各主轴伺服连接设备输出的 ID 信息输出到 CNC 屏幕上，即主轴伺服维护信息显示页面，如图 1.2.16 所示。

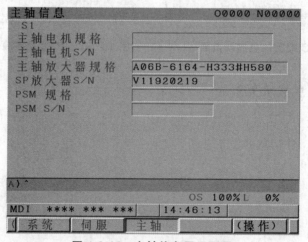

图 1.2.16　主轴信息显示页面

具有 ID 信息的设备有如下几种：

① 主轴放大器（SP）。

② 电源单元（PS）。

CNC 首次启动时，自动从各主轴伺服连接设备读出并记录 ID 信息。从下一次起，对首次记录的 ID 信息和当前读出的 ID 信息进行比较，由此就可以监视所连接的主轴伺服设备变更情况（当记录与实际情况不一致时，显示表示警告的标记"*"）。

在此可以对存储的 ID 信息进行编辑。由此就可以显示不具备 ID 信息的设备的 ID 信息（但当记录与实际情况不一致时，显示标记"*"）。

7. 系统参数显示页面

当 CNC 和机床连接调试时，必须设定有关参数，以确定机床的功能、性能与规格。选择 MDI 面板上的功能键 SYSTEM，再选择软功能经【参数】，出现系统参数显示页面，如图1.2.17 所示。

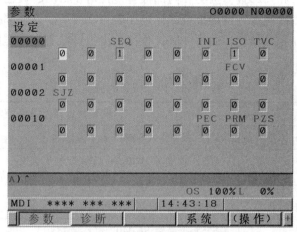

图 1.2.17　系统参数显示页面

五、功能键 MESSAGE 显示界面与切换

数控系统可对其本身以及与其相连的各种设备进行实时自诊断。当机床运行异常时，数控系统就会报警，并在报警屏幕中显示相关的报警内容和处理对策。这样就能根据报警屏幕中显示的相关报警内容和处理对策采取相应的措施。

一般情况下出现报警时，屏幕显示就会跳转到报警显示页面，显示相关报警信息，在某些情况下，出现故障报警时，不会直接跳转到报警显示页面，而只会显示红色[ALM]提示。

选择 MDI 面板上的功能键 MESSAGE，进入报警信息显示页面，如图 1.2.18 所示。

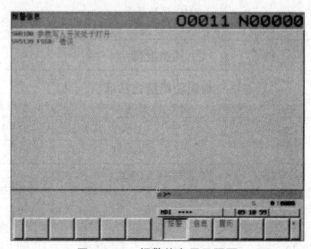

图 1.2.18　报警信息显示页面

MESSAGE 信息显示页面有 3 个子页面，分别是"报警"、"信息"、"履历"。图 1.2.18 中所显示的页面即为"报警"页面，该页面可以显示系统出现报警的信息编号、报警内容。当系统出现报警时，显示页面会自动跳转到报警信息页面，若不想出现跳转，可设定相关参数 3111#7 = 1。

报警分为内部报警和外部报警两类。内部报警是针对 FANUC 数控系统所控制的硬件和软件检测出的相关故障而报警，内部报警的分类如表 1.2.5 所示；外部报警是机床制造商根据机床外部辅助设备的相关动作，通过 PMC 程序输出报警状态和操作信息，外部报警的分类如表 1.2.6 所示。

表 1.2.5　内部报警的分类

序号	报警分类	报警状态缩写及举例
1	与程序操作相关的报警	PS，报警号 PS0003 表示数位太多
2	与后台编辑相关的报警	BG，报警号 BG0140 表示程序号已使用
3	与通信相关的报警	SR，报警号 SR1823 表示数据格式错误
4	参数写入状态下的报警	SW，报警号 SW0100 表示参数写入开关处于打开状态
5	伺服报警	SV，报警号 SV0407 表示误差过大
6	与超程相关的报警	OT，报警号 OT0500 表示正向超程（软限位 1）
7	与存储器文件相关的报警	IO，报警号 IO1001 表示文件存取错误
8	请求切断电源的报警	PW，报警号 PW0000 表示必须判断电源
9	与主轴相关的报警	SP，报警号 SP1220 表示无主轴放大器（串行主轴 SP9×××）
10	过热报警	OH，报警号 OH0700 表示控制器过热
11	其他报警	DS，报警号 DS0131 表示外部信息量太大
12	与误动作防止功能相关的报警	IE，报警号 IE0008 表示非法加速、减速
13	报警列表（PMC）	（1）显示 PMC 报警页面的信息：ER01 PROGRAM DATA ERROR； （2）PMC 系统报警信息：PC030 RAM PARIxxxxxxxx yyyyyyyy； （3）PMC 操作错误； （4）PMC I/O 通信错误

表 1.2.6　外部报警的分类

信息号	CNC 屏幕	显示内容
EX1000-EX1999	报警信息页面	报警信息（CNC 转到报警状态）
2000-2099	操作信息页面	操作信息（显示信息号和信息数据）
2100-2999		操作信息（只显示信息数据，不显示信息号）

选择【信息】后，机床制造商在 PMC 里编辑信息提示。屏幕显示的页面如图 1.2.19 所示。

选择【履历】后，显示报警历史记录，通过翻页键查看不同时间出现过的报警信息。屏幕显示的页面如图 1.2.20 所示。

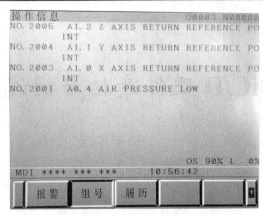

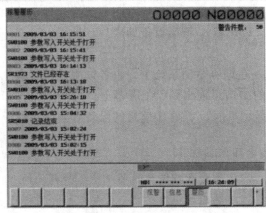

图 1.2.19 操作信息显示页面   图 1.2.20 履历信息显示页面

【实战演练】

一、系统配置清单页面操作

步骤 1：按功能键 SYSTEM，进入系统参数显示页面，如图 1.2.17 所示。

步骤 2：选择子菜单【系统】，进入系统配置显示页面。

步骤 3：按 MDI 键盘上的翻页键，切换显示系统硬件或软件配置，如图 1.2.5、图 1.2.6 所示。

二、系统故障诊断页面操作

按功能键 SYSTEM，选择【诊断】，进入系统诊断显示页面，如图 1.2.7 所示。

三、MESSAGE 信息显示页面操作

步骤 1：按 MDI 键盘上的功能键 MESSAGE，进入 MESSAGE 信息显示页面。选择【报警】，屏幕显示报警信息页面，如图 1.2.18 所示。

步骤 2：选择【信息】，进入操作信息显示页面，如图 1.2.19 所示。显示操作信息时机床的动作不会被中断。

项目二　数控系统 FS-0iC/D 硬件连接与调试

【知识目标】

（1）熟悉数控系统的环境要求和相关标准。

（2）熟悉数控系统的安装要求和相关标准。

（3）熟悉 FS-0iC/D 的使用条件。

（4）熟悉数控系统硬件连接。

（5）熟悉 FANUC 数控系统 PMC 控制及维修。

【能力目标】

（1）能正确选择数控系统的安装环境。

（2）能正确进行数控系统硬件连接。

（3）能正确进行 FANUC 数控系统 PMC 控制及维修。

【职业素养】

（1）培养学生高度的责任心和耐心。

（2）培养学生动手、观测、分析问题、解决问题的能力。

（3）培养学生查找资料和自学的能力。

（4）培养学生与他人沟通的能力，塑造自我形象、推销自我。

（5）培养学生的团队合作意识及具备企业员工意识。

任务一　数控系统 FS-0iC/D 硬件连接

【工作内容】

（1）简述数控系统的安装环境及安装要求。

（2）进行数控系统的导线和电缆布置，并进行分组。

（3）简述电气控制系统的接地要求。

（4）简述电气控制系统干扰的种类，能进行驱动器、变频器的干扰处理。

（5）简述 FS-0iC/D 系列 CNC 的网络组成及各个组成的特点和作用。

（6）简述 FS-0iC/D 系统主回路连接和 CNC 基本单元连接。

（7）简述 FS-0iC/D 系统进给伺服驱动器硬件连接。

（8）简述 FS-0iC/D 系统主轴伺服驱动器连接。

【知识链接】

一、数控系统安装环境总体要求

1. 基本要求

CNC、PLC、驱动器等均属于微电子设备，良好的使用环境和工作条件是确保控制系统长时间可靠运行的前提。为此，数控系统的安装需要注意以下问题：

① 尽量避免在有强烈振动与冲击的场所安装。

② 不能安装在有腐蚀性气体、可燃气体、导电粉尘、油雾、烟雾、盐雾的场所。

③ 尽量避免在高温、多湿或低温的环境下安装，应避免阳光的直射。

④ 避免在周围有强磁场、强电场、高压电器设备的场所安装。

2. 环境条件

数控系统对温度、湿度、振动、海拔高度的要求如下：

（1）温度。数控系统在使用时的环境温度为 0 ~ 40 ℃，保存时的环境温度为 – 10 ~ 50 ℃，如果环境温度无法满足，应考虑安装空调、热交换器等。

（2）湿度。数控系统在正常使用时的相对湿度应小于 70%，短期使用（1 个月内）时的相对湿度可略大于 70%，在湿度无法满足时应安装自动除湿装置；在环境温度变化剧烈（如供暖装置可能停止的场合）时，还应采取相应措施防止结霜。

（3）振动。数控系统的抗振性能与安装方式有关，固定安装优于悬挂式、移动式安装。当 CNC 等安装于悬挂或移动式操纵台上时，运行时的振动强度应小于 4.9 m/s^2（$0.5g$），不工作时可承受 9.8 m/s^2（$1g$）以下的振动。

（4）海拔高度。驱动器、变频器等功率部件的额定工作电流、电压将随海拔的升高而降低，当海拔高度大于 1 000 m 时，要进行必要的修正。

3. 数控系统的安装要求

（1）电气柜与操纵台。

为了便于操作，数控设备的电气控制系统通常按电气柜、操作台两部分进行安装。部件的安装、操纵高度，电器的绝缘间距、防护措施，按钮和指示灯的颜色等必须执行有关标准规定，并符合人机工程学原理。此外，从操作、维修和提高可靠性的角度，电气柜、操纵台的安装还应满足以下条件：

① 电气柜、操纵台必须有足够的连接、测量、调整、维修空间。

② 安装有 CNC、PLC、驱动器的电气柜和操纵台应采用密封设计，防止灰尘、切削液进入，机床运行时原则上不应打开电气柜、操作台。

③ 电气柜、操纵台需要安装冷却风机，实现内部空气循环，冷却风不能直接吹向元器件表面，以防止灰尘的吸附。

④ 电气柜、操纵台必须有足够的强度和刚性，以防止机械损伤。

（2）元器件布置。

电气柜、操纵台内部的元器件布置应美观、整齐，安装牢固、可靠，要考虑散热和电磁干扰。元器件布置的一般要求如下：

① 元器件安装必须牢固，安装板和联接螺钉必须有足够的强度，特别要防止运输过程中的跌落。

② 元器件之间、元器件与电气柜门和壁之间必须有足够的距离，并保证通风良好。一般而言，继电器、接触器等控制器件的上、下间距应大于 100 mm，器件与门和壁的前后、左右间距在 50 mm 以上。

③ CNC、PLC、驱动器等控制装置的周围不应安装发热元件（如变压器、制动电阻等）。

④ 控制部件应采用垂直安装，水平安装将直接影响部件散热。

⑤ 元器件和控制装置不应安装在电气柜的门、顶、底和侧面。

⑥ 必须保证 CNC、PLC、驱动器的通风，安装完成后一定要取下通风窗的防尘纸和表面的保护膜。

⑦ CNC、PLC、驱动器等微电子控制装置不能和高压、强干扰的控制部件布置在同一个电器柜内。

⑧ 安装带有冷却风机的 CNC、I/O 模块、PLC 等部件时，其进、出风区至少应保证有 50 mm 以上的空间，进、出风区不能布置有碍空气正常流通的元件，而驱动器、变频器等大功率部件的进、出风区应保证有 80 ~ 120 mm 以上的空间为宜。

（3）密封与隔离。

电气柜、操纵台原则上应密封，设计时必须考虑密封对散热的影响。内部空间不仅要保证元件的安装、接线、测量、调试、维修等需要，同时还必须保证电气柜、操纵台有足够的散热面积；散热面积不足时，则应安装空调或热交换器。

当控制系统存在高压、强干扰装置（如大功率晶闸管、高频感应加热控制器或高频焊接控制器等）时，CNC、PLC、驱动器等微电子控制装置原则上不应与以上控制器安装在同一电气柜内，无法避免时应该采取相应的高压防护、电磁屏蔽措施进行内部隔离。

二、数控系统 FS-0iC/D 使用条件

1. 环境要求

FS-0iC/D 对使用环境的要求为：使用时的环境温度为 0 ~ 58 ℃；保存时的温度为 - 20 ~ 60 ℃；相对湿度小于 70%，短期使用（1 个月内）要求小于 90%；CNC 安装于悬挂或移动式操纵台上，运行时允许的振动强度为 4.9 m/s² （0.5g）；不工作时允许的振动强度为 9.8 m/s² （1g）；CNC 对海拔高度不敏感，也无具体的数据限制，在高原地区同样可以正常工作。

2. 安装空间

FS-0iC/D 为 CNC/LCD/MDI 集成一体式结构，CNC 有水平布置与垂直布置两种结构，它对安装空间的要求如图 2.1.1 所示。

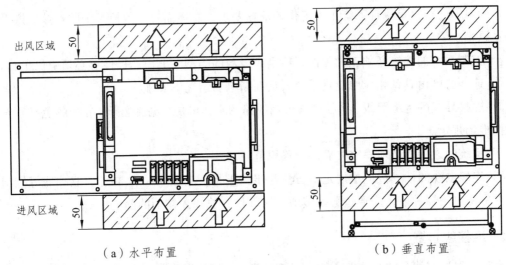

（a）水平布置　　　　　　　　　　　（b）垂直布置

图 2.1.1　FS-0iC/D 的安装空间要求

3. 驱动器的安装要求

FS-0iC/D 配套的驱动器有散热器内置和散热器后置两种结构形式，小规格产品一般为散热器内置，大功率、多轴驱动器多采用散热器后置，其安装要求如图 2.1.2 所示。

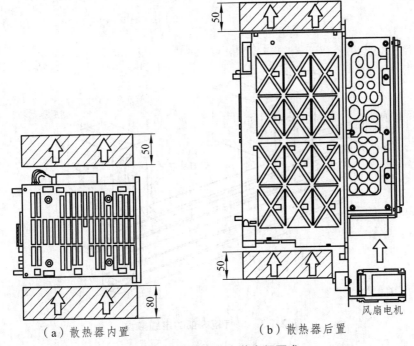

（a）散热器内置　　　　　　　　　　（b）散热器后置

图 2.1.2　驱动器的安装空间要求

三、数控系统的连接要求

1. 基本原则

正确可靠的连接是保证系统正常工作的前提要求，总体而言，数控系统的连接应遵循如下基本原则：

① 控制系统的连接必须正确无误，特别是电源的类型、电压、极性等必须确保正确。

② 连接必须由具备相应专业资质的人员在断电的情况下实施。

③ 连接导线的绝缘等级、线径必须根据线路的工作电压、电流选择，导线颜色必须符合相关标准的规定。

④ 系统的连接线必须固定可靠、布置规范。

⑤ 连接电缆的插、拔应按规定的方法与步骤进行；接触 CNC、PLC、驱动器等控制装置的内部微电子器件前，应通过触摸接地金属部件，放掉人体上的静电。

2. 连接线布置

合理布置连接线是减少线路干扰，提高可靠性的重要措施。数控系统的导线、电缆最好能根据电压等级、信号类型分组敷设。图 2.1.3 是安装有 CNC、PLC、驱动器的电器柜内部的电缆敷设参考图。图 2.1.4 是电气柜外部（机床侧）的电缆敷设参考图。不同组电缆最好采用分层敷设方式，内部应隔离，外部应通过金属外壳予以密封、屏蔽，防止电磁干扰；电缆、导线不应与液压、冷却等液体管线布置在同一槽内。

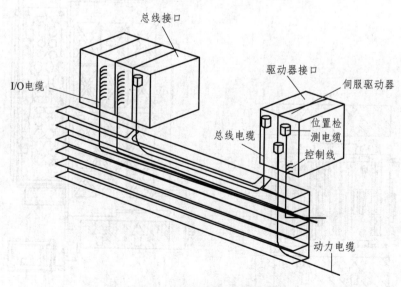

图 2.1.3　电气柜内部的电缆敷设

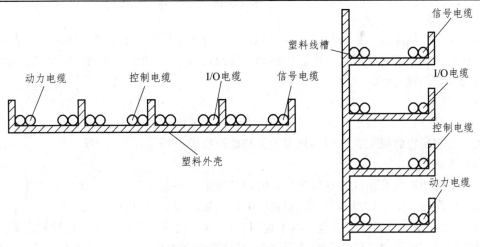

图 2.1.4　电气柜外部的电缆敷设

3. 电缆分组

在强、弱电综合的数控系统中，电缆宜按如下原则进行分组：

① 交流动力与控制电缆组。系统的交流动力线、电机电枢线、风机电源线、空调电源线、交流控制线等可以同为一组。

② 直流动力与控制电缆组。系统的电磁阀和制动器的电源线，直流电机电枢线（如存在），直流接触器、继电器控制线，CNC、PLC、驱动器的 DC 24 V 电源线和输入/输出线等可以作为同一组。

③ 电子控制信号电缆组。系统的网络控制总线，位置和速度反馈电缆，CNC、PLC、驱动器间的控制电缆，模拟量输入/输出电缆，RS232、RS422、485 通信电缆等可以作为同一组。

如果实际分组布置存在困难，则应采用屏蔽电缆连接。

4. 数控系统的接地要求

（1）接地类型。

在强、弱电综合的数控系统中，主要有以下几种常见的接地线，需要根据具体情况进行处理。

① 信号地。

数字信号地（Signal Ground，SG）是控制系统中开关量（数字量）信号的 0 V 端，如 CNC 和 PLC 的 I/O 信号、驱动器的 DI/DO 信号的 0 V 线等。数字信号地应按控制装置的连接说明书要求连接，一般不应与其他接地线互连。

需要注意的是，数控系统中的模拟量控制信号（如主轴转速模拟量输出等）的接口一般为差动输入/输出，0 V 不允许互连，也不能与控制系统的 PE 线连接。模拟量输入/输出连接应使用屏蔽双绞电缆。

② 保护地。

保护地又称机架地（Frame Ground，FG），是控制系统中控制装置的机架、电器的外壳的保护接地，保护地必须直接与电气柜内部的接地母线（PE 母线）连接，不允许控制装置、电器间的保护地线互连。

③ 系统地。

系统地是设备的总接地母线，与设备电源的接地系统连接，以专门的代号 PE 表示。控制系统中控制装置的机架、电器的外壳的保护地均应统一连接到 PE 母线上。

（2）接地要求。

良好的接地不仅是保证人身安全所需的防护措施，而且也是抑制干扰、提高可靠性的重要手段，在设计、施工阶段必须予以重视。数控系统对接地的一般要求如下：

① 在数控系统中，以上接地线应形成图 2.1.5 所示的完整接地网络，接地网应采用树枝形拓扑结构，不能形成"级联"与"环网"。系统接地必须良好，接地电阻最好小于 4 Ω。

② 接地线必须有足够大的线径，数控系统的接地线线径原则上应根据系统的输入电源规格确定，德国的 DIN 标准对此作了明确的规定，是目前国际通用的标准。

③ 系统各组成单元与机架间一般可通过单元本身的接地连接端接地，但机架与系统保护地之间应保证接地良好，控制装置安装时应去掉安装脚附近的安装板表面的氧化涂层。

④ 系统所使用的屏蔽电缆屏蔽层、金属软管、走线槽（管）、分线盒等的导电外壳均应保护接地，并保证接地良好。

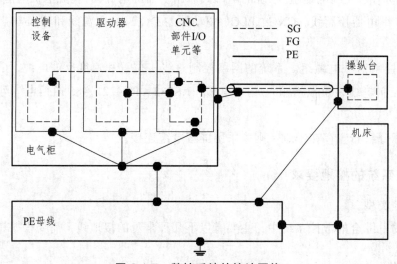

图 2.1.5　数控系统的接地网络

5. 预防干扰的措施

（1）干扰产生的主要原因。

数控系统的安装与连接不仅要考虑外部干扰的影响，同时也必须考虑内部控制装置之间、控制装置对外部设备的干扰。

干扰产生的主要原因如下：

① 电源进线端的浪涌电流。

② 感性负载（交流接触器、继电器等）接通关断时，反向电动势引起的脉冲干扰。

③ 辐射噪声的干扰，如图 2.1.6 所示。

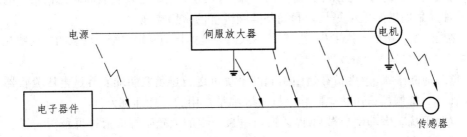

图 2.1.6　辐射干扰

④ 感应噪声的干扰，如图 2.1.7 所示。

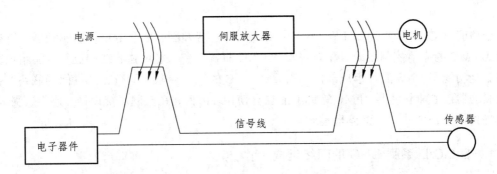

图 2.1.7　感应噪声的干扰

⑤ 传导噪声的干扰。连接同一电源和公共地线的设备之间，因某一大功率的器件所产生的噪声，可对其他设备产生传导噪声的干扰，如图 2.1.8 所示。

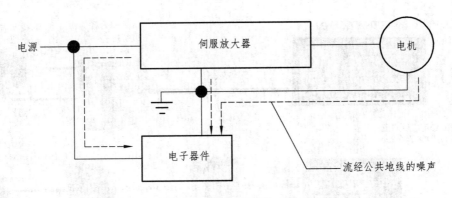

图 2.1.8　传导噪声的干扰

（2）干扰的预防。

为了预防干扰，数控系统可采用如下措施：

① 电源干扰。电源干扰主要来自线路的雷击、大功率负载的启/停等。在电源进线侧安装隔离变压器、交流电抗器、浪涌吸收器是抑制线路干扰的常用措施。

② 高频干扰。高频干扰来自控制系统的高频装置。电源进线安装高频滤波器、电源线进行铰接处理、采用屏蔽电缆等是抑制线路高频干扰的常用措施。

③ 接地干扰。接地干扰来自不正常的地线。规范的接地系统、符合要求的接地线径和接地电阻是抑制线路接地干扰的常用措施。

④ 负载通断干扰。感性负载通断引起的干扰可以通过负载两端安装过电压吸收器的方法加以抑制，RC 抑制器、压敏电阻、二极管等都是常用的干扰抑制元件。

⑤ 电磁干扰。大功率负载启/停、通断电弧产生的电磁干扰应通过屏蔽罩、屏蔽电缆等措施加以抑制。

四、FS-0iC/D 连接

全功能型 CNC 是一种真正在 CNC 上实现闭环位置控制、配套专用伺服驱动器，并带有内置式 PMC 的完整控制系统，相对普及型 CNC 而言，其功能更强、结构更复杂、组成部件更多。全功能型 CNC 的各组成部件均需要在 CNC 的统一控制下运行，部件间的联系紧密，伺服驱动器、主轴驱动器、PMC 等都不能独立使用。因此，在控制系统设计、连接、调试时，必须将其作为一个统一的整体来考虑。

1. FS-0iC/D 系列 CNC 的网络组成

与早期的 FS-0 系列 CNC 比较，FS-0iC/D 系列 CNC 最显著的特点是采用了网络控制技术，它以 I/O-Link 网络链接替代了传统的 I/O 单元连接电缆；以 FSSB 高速串行伺服总线连接替代了传统的伺服连接电缆；以工业以太网链接替代了传统的通信连接电缆。其结构如图2.1.9 所示，该系列 CNC 的连接简单、扩展性好、可靠性高、性价比高。

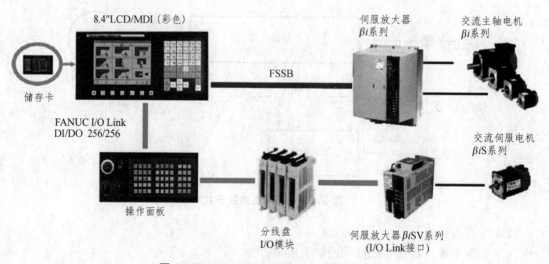

图 2.1.9　FS-0iC/D 系列 CNC 的网络组成

（1）I/O-Link 网络。

I/O-Link 是 I/O 链接网络的简称，I/O 链接网络亦称"设备内部网"、"省配线网"，这是一种用于设备内部的控制器（如 PLC 等）与 I/O 装置（如传感器、执行器等）连接的网络系统，属于现场总线系统。I/O-Link 一般用于对开关量输入/输出（DI/DO）单元的链接，以实现控制器对 I/O 装置的 DI 状态检测和 DO 输出控制。控制器与 I/O 单元间只需要连接 2 芯或 4 芯通信电缆，因而可省略大量的连接线，简化了系统的连接，提高了系统的可靠性。在 FS-0iC/D 上，CNC 内置 PMC 是 I/O-Link 网络的主站，其余的 I/O 单元（如 FANUC 标准机床操作面板、操作面板 I/O 单元、0iC-I/O 单元、分布式 I/O 单元及利用 I/O-Link 总线控制的 βi 驱动器等）均是 I/O-Link 网络的从站。

（2）FSSB 网络。

FSSB 是 FANUC 高速串行伺服总线（FANUC Serial Servo Bus）的简称，它是伺服系统控制网络(Servo System Control Network，SSCNET)的一种，隶属于现场总线系统。SSCNET 用于位置控制器（如 CNC、PIC 等）和驱动器的链接。而通过网络通信和位置控制器可对驱动器的参数、运行过程、工作状态等进行设定、调整、控制与监视。SSCNET 的网络通信介质一般为光缆，与 I/O-Link 网络相比，其传输速率更高，连接更简单。在 FS-0iC/D 上，CNC 为 FSSB 网络的主站，与 FSSB 总线连接的 αi、βi 系列伺服驱动器、外置式测量检测单元等均为 FSSB 网络从站。

（3）工业以太网。

工业以太网（Industrial Ethernet）是一种用于工业环境的开放式工厂信息管理局域网（LAN），可实现生产现场数据的收集、整理，并对现场设备进行统一管理、调度与控制。工业以太网是工厂自动化网络的最高层，它通过管理计算机（主站）和现场控制器（从站，如 CNC 与 PLC 等）间的通信，可在办公环境下管理和控制现场控制器的运行，并能方便地与远程网（WAN）、公共数据通信网络（Public Data Network）、国际互联网（Internet）等广域网连接，从而实现远距离信息交换。FS-0iC/D 可采用传输速率为 10 Mbit/s 的 10 Base-T 或 100 Mbit/s 的 100 Base-T 工业以太网通信标准，但需要增加 CNC 选择功能与接口，而 FS-0i Mate 系列 CNC 不能选择这一功能。

2. FS-0iC/D 连接分析

（1）连接器布置。

常用的水平布置型 FS-0iC/D 的连接器布置如图 2.1.10 所示。FS-0iC/D 的 CNC 与普及型 CNC 相比，其功能已大大增强，但在 FANUC 产品中仍属于功能精简的实用型 CNC。因此，一般采用 CNC/MDI/LCD 集成结构，显示器为 7.2 英寸单色或 8.4 英寸彩色（1 英寸 ≈ 2.54 厘米）。标准结构有水平布置型和垂直布置型两种形式，虽然两者的 LCD 和 MDI 安装位置有所区别，但其连接器布置、连接要求均相同。

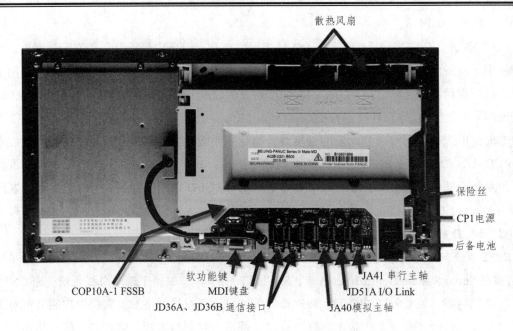

散热风扇

保险丝

CP1电源

后备电池

COP10A-1 FSSB

软功能键

MDI键盘

JD36A、JD36B 通信接口

JA41 串行主轴

JD51A I/O Link

JA40模拟主轴

图 2.1.10   FS-0iC/D 的连接器布置

（2）连接总图组成。

FS-0iC/D 的 CNC 系统综合连接图如图 2.1.11 所示，系统连接可分主回路、CNC 基本单元、I/O 接口、驱动器四大部分。

① 主回路。

主回路用于 CNC 控制系统的电源供给，包括 CNC 基本单元及配套部件（如 I/O-Link 从站、FSSB 从站等）的 DC 24 V 电源回路、伺服/主轴驱动器的主电源回路、驱动器/主电机风机等辅助电机电源回路部分等。主回路应作为一个统一的整体进行考虑。

② CNC 基本单元。

CNC 基本单元的连接主要包括 I/O-Link 网络、FSSB 网络、串行主轴总线、主轴模拟量输出和 RS232C 通信接口，利用选择功能扩展后，可能还需要连接 Ethernet 网络、HSSB 接口（高速串行总线接口，用于 CNC 和 PC 机连接）等。由于采用了网络技术，基本单元的连接多为通信总线，其连接较简单。

③ I/O 接口。

I/O 接口连接是指 I/O 单元（I/O-Link 从站）与机床行程开关、按钮、指示灯、接触器继电器等 I/O 装置间的连接，它与机床所选用的从站有关，常用的有带 I/O-Link 总线接口的标准机床操作面板、操作面板连接单元、0iC-I/O 单元等。从站与 CNC 的连接为 I/O-Link 总线，其拓扑结构为"总线型"；从站和 I/O 装置的连接与 PLC 的开关量 I/O 信号相同，有关内容将在本项目任务二中进行详细介绍。

④ 驱动器。

FS-0iC/D 配套的驱动器有 αi、βi 两大系列，两者的连接要求有所区别。总体而言，驱动器和 CNC 间的信息传送通过 FSSB 总线通信进行，驱动器连接主要考虑的是它与强电控制电路的"互锁"，其连接比传统 CNC 简单。

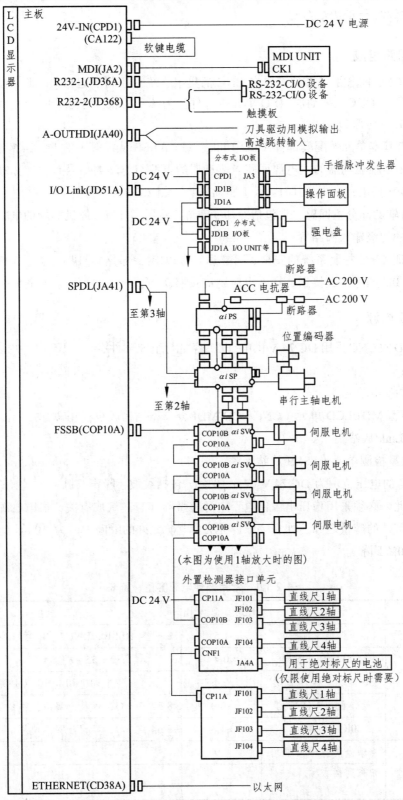

图 2.1.11　FS-0iC/D 的 CNC 系统综合连接图

五、系统主回路连接

1. 主回路组成

全功能 CNC 的各组成部件需要在 CNC 的集中、统一控制下运行，因此，设计电气控制系统时，必须将 CNC、驱动器、I/O 单元等部件作为统一的整体考虑。FS-0iC/D 的系统主回路通常包括如下 3 部分：

① CNC 基本单元及配套部件（I/O-Link 从站、FSSB 从站等）的 DC 24 V 电源回路。

② 伺服/主轴驱动器的主电源回路。驱动器的电源与驱动器型号有关。标准型驱动器为三相 AC 200 V 供电；高电压（HV 级）驱动器为三相 AC 400 V 供电。

③ 设备辅助部分主回路。它包括冷却、润滑、液压、排屑、风机等辅助电机主回路以及控制变压器的初级输入回路等。

为了保证 CNC 控制系统的安全、可靠运行，以上 3 部分主回路的电源在接通电时应按照①→②→③的顺序依次接通；在断电时则应按照③→②→①的顺序依次断电。

2. CNC 电源

FS-0iC/D 的 CNC 采用 DC 24 V 供电，电源容量与组成部件有关。以下组件均属于 DC 24 V 供电的范围：

① CNC 基本单元。

② 分离型 MDI/LCD 单元（CNC/LCD/MDI 分离型结构较少使用）。

③ I/O-Link 从站。

④ 分离型检测单元（FSSB 从站）等。

DC 24 V 的电压范围为 DC 24 V（1±10%）（包括纹波、噪声与脉动），CNC 对电源的要求较高，因此，必须采用稳压电源供电。电源容量与 CNC 组成有关，供电电源的容量应大于所有组成部件的容量之和，如表 2.1.1 所示。电源允许的瞬间中断为 10 ms（100%下降）或 20 ms（50%下降）。

表 2.1.1　常用部件电源容量一览表

单元名称	规　格	电源容量/A·h	备　注
CNC 基本单元	标准单元	1.5	无 HSSB、DNC2、数据服务板选件
I/O-Link 从站	55 键标准主面板	0.4	（32＋55）/（8＋55）点 I/O
	30 键小型操作面板	0.4	（12＋30）/30 点 I/O
	操作面板 I/O 单元	≈0.9	48/32 点 I/O，容量与实际使用的 I/O 点数有关
	0iC-I/O 单元	≈1.5	96/64 点 I/O，容量与实际使用的 I/O 点数有关
FSSB 从站	4 轴分离型检测单元	0.9	
	βi 系列伺服/主轴一体型驱动器	1.5	

3. 推荐线路

CNC 系统主回路的连接推荐使用图 2.1.12 所示的电路，为了保证 CNC 安全、可靠地工作，DC 24 V 除应满足以上电压与容量的要求外，还需要注意如下基本问题：

① 向 CNC 进行供电的 DC 24 V 稳压电源应有足够的容量，并能在交流输入电源切断后维持一定时间的 DC 输出。因为如果机床工作时出现 CNC 断电，它将无法再继续进行闭环位置控制，机床上那些无平衡装置的垂直轴将因重力而自落。因此，CNC 的 DC 24 V 电源需要维持到驱动器关闭、制动器制动后才能中断。

② 鉴于以上原因，同时为了避免电源通/断对 CNC 产生冲击，向 CNC 供电的 DC 24 V 电源通/断宜在稳压电源的交流输入侧进行，如图 2.1.12 所示，而不应在稳压电源的 DC 24 V 输出（CNC 输入）侧控制通/断。

③ CNC 的 DC 24 V 供电不能使用只有整流、滤波回路的 DC 整流电源。

④ CNC 电源不能与负载波动、冲击大并可能导致电压波动大于 DC 24 V（1 ± 10%）的其他部件共用。

⑤ CNC 的基本组成部件（CNC 基本单元、I/O - Link 从站、FSSB 从站等）的电源应由统一的通/断电路控制其同时通/断，并使用同一稳压电源进行供电。

⑥ CNC 电源的交流输入侧应安装 RC 浪涌电压吸收器，以减少电网冲击对 CNC 电源的影响。

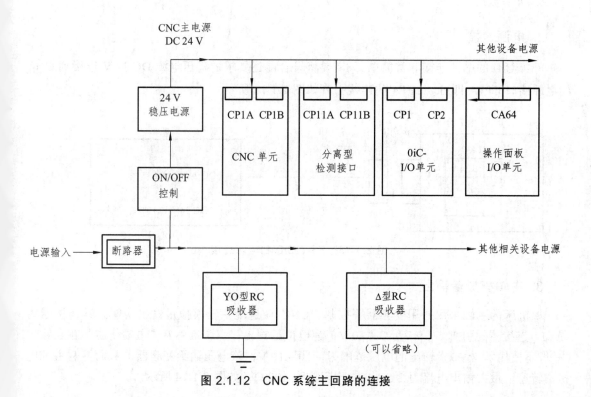

图 2.1.12 CNC 系统主回路的连接

六、CNC 基本单元连接

1. 电缆规格

标准 CNC 基本单元上的 CNC 与 LCD、CNC 与 MDI 连接已在内部完成，FSSB 接口 COP10 A-1 应选用 FANUC 标准光缆，其他接口的连接电缆可按要求制作或直接选用如表 2.1.2 所示的 FANUC 标准电缆。

表 2.1.2　CNC 基本单元标准电缆

接口	名称	用途	订货号
CP1A	电源电缆	CNC←稳压电源，带单端连接器	A02B-0124-K830#L□□
JD1A	I/O - Link 总线电缆	CNC→I/O→Link 从站，带双端连接器	A02B-0120-K84#L□□
COPIOA-1	FSSB 总线光缆	CNC→伺服驱动器，带双端连接器	A66L-6001-0026#L□□R003
JA7A	串行主轴连接电缆	CNC→主轴驱动器，带双端连接器	A02B-0200-K810#L□□
JA40	模拟主轴连接电缆	CNC→主轴变频器，带单端连接器	A02B-0120-K301#L□□
JD36A/JD36B	RS232C 接口电缆	CNC→RS232C 接口	A02B-0236-C191

注：#L 为长度。

2. 电源连接

FS-0iC/D 的电源连接非常简单，只需要将符合前述要求的稳压电源 DC 24 V 连接到 CNC 的电源接口 CP1A 即可。CP1A 的连接引脚如图 2.1.13 所示。

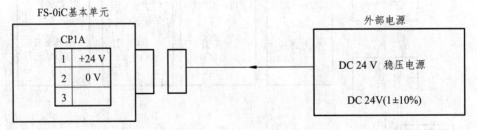

图 2.1.13　FS-0iC/D 的电源连接

3. 主轴模拟量输出

如机床的主轴采用通用变频器等控制，CNC 应选配主轴模拟量输出功能。其连接器为 JA40，连接器的引脚 5（0 V）/7（10 V）为模拟量输出；引脚 8/9 为"主轴使能"触点输出（一般不使用）。模拟量输出的电压范围为 – 10 ~ 10 V，该电压输给变频器，从而控制主轴电机的转速。最大输出电流为 2 mA，输出阻抗为 100 Ω，如图 2.1.14 所示。

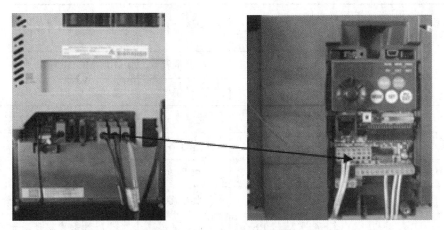

图 2.1.14 模拟主轴连接

4. 串行主轴与编码器

CNC 基本单元的接口 JA7A 用于主轴编码器或串行主轴连接，如机床采用 FANUC $\alpha i/\beta i$ 系列主轴驱动器，该接口用来连接主轴的串行总线（I/O-Link 总线，不能与 I/O 单元的总线互连），接口直接与主轴驱动模块的 JA7B 连接；如机床使用主轴模拟输出功能，该连接器用来连接主轴编码器。

5. I/O-Link 总线

JD1A 为 CNC 的 I/O-Link 总线接口，I/O-Link 网络采用"总线型"拓扑结构，各从站依次串联，但最大连接数量受到 PMC-I/O 点数的限制。I/O-Link 总线任意段的连接器编号和连接方式均相同，终端不需要加终端连接器。I/O 单元上的连接器 JD1A 规定为总线输出端，连接下一从站；JD1B 为总线输入端，连接上一从站。

6. FSSB 总线连接

COP10A-1 为 CNC 的 FSSB 总线接口，网络同样采用"总线型"拓扑结构，从站依次串联，但连接数量受 CNC 最大控制轴数的限制。FSSB 总线采用光缆连接，任意一段的连接器编号和连接方式相同，驱动器的 COP10A 为总线输出，用于连接下一从站；COP10B 为总线输入，与上一从站相连。

7. RS232C 接口

基本单元的 JA36A/JA36B 同为 RS232C 标准串行通信接口，两者功能相同，可通过 CNC 参数设定选择其中之一与外部连接。为使 RS232C 接口与标准统一，应通过转接电缆将 CNC 连接器转换为 RS232C 标准的 9 芯或 25 芯接口，转换接口可按表 2.1.3 制作或直接选用 FANUC 标准部件。

表 2.1.3　RS232C 转换接口的制作

CNC 侧引脚	标准连接器引脚		信号代号	信号名称	信号功能
	9 芯	25 芯			
7	1	8	CD	载波检测	接收到 MODEM 载波信号时为 ON
1	2	3	RD	数据接收	接收来自 RS232C 设备的数据
11	3	2	SD	数据发送	发送数据到 RS232C 设备
13	4	20	ER	终端准备好	数据发送准备好
2/4/6/8/12/14/16	5	7	SC	信号地	
3	6	6	DR	接收准备好	数据接收准备好
15	7	4	RS	发送请求	数据发送请求信号
5	8	5	CS	发送请求回答	发送请求回答信号

七、进给伺服驱动器的连接

（一）伺服控制概述

　　伺服系统是数控系统与机床联系的重要桥梁,伺服系统分主轴伺服系统和进给伺服系统,进给伺服系统完成数控系统各进给坐标轴运动的位置和速度控制,伺服系统一般指进给伺服系统。一般数控系统与伺服系统连接示意图如图 2.1.15 所示,数控系统输出控制信号,伺服驱动装置接收信号后进行信号放大处理,伺服电机自带的编码器作为速度检测装置,通过速度反馈进行速度控制,半闭环(全闭环)位置检测反馈至数控系统,进行位置控制。

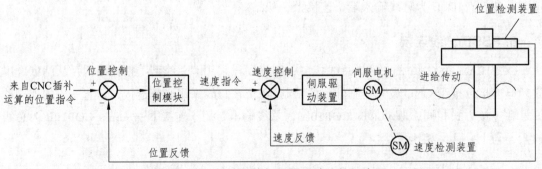

图 2.1.15　数控系统与伺服系统连接示意图

（二）伺服控制的分类和传动系统的组成

　　伺服控制按照数控系统中位置反馈的不同,可分为开环伺服控制、半闭环伺服控制、全闭环伺服控制。

开环伺服控制框图如图 2.1.16 所示，其中没有位置检测环节，数控系统输出插补指令经脉冲环形分配器输出相序脉冲，经功率放大直接驱动电机，这里电机一般使用步进电机。

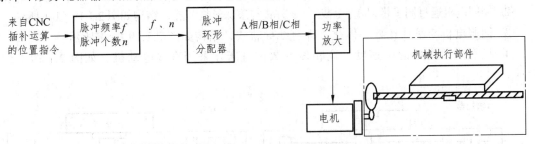

图 2.1.16　开环伺服控制框图

半闭环伺服控制指数控系统输出位置和速度控制信号给位置控制单元和速度控制单元，经伺服电机尾端角位移检测装置（如脉冲编码器）进行速度检测后反馈给速度控制单元进行速度控制，经伺服电机尾端或丝杠轴端的角位移检测装置（如脉冲编码器）进行位置检测后反馈给位置控制单元进行位置控制，位置反馈反映工作台直线移动位置，半闭环伺服控制框图如图 2.1.17 所示。

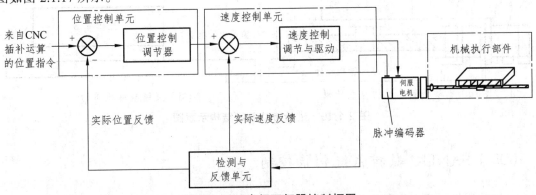

图 2.1.17　半闭环伺服控制框图

全闭环伺服控制指数控系统输出位置和速度控制信号给位置控制单元和速度控制单元，经伺服电机尾端角位移检测装置（如脉冲编码器）进行速度检测后反馈给速度控制单元进行速度控制，经工作台实际运行直线位置检测装置（如直线光栅尺）进行位置检测后反馈给位置控制单元进行位置控制。全闭环伺服控制框图如图 2.1.18 所示。

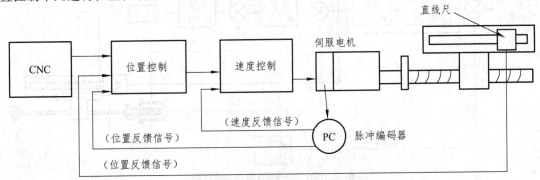

图 2.1.18　全闭环伺服控制框图

进给传动系统结构示意图如图 2.1.19 所示。进给传动系统有以下几类：

① 伺服电机通过减速齿轮与滚珠丝杠相连，结构如图 2.1.19（a）所示。

② 伺服电机通过同步带以 1:1 或 1:n 方式与滚珠丝杠相连，结构如图 2.1.19（b）所示。

③ 伺服电机与滚珠丝杠一体化，即直线导轨式，结构如图 2.1.19（c）所示。

④ 只有少数高档的高速度、高精度的数控机床才采用直线电动机，如图 2.1.19（d）所示。

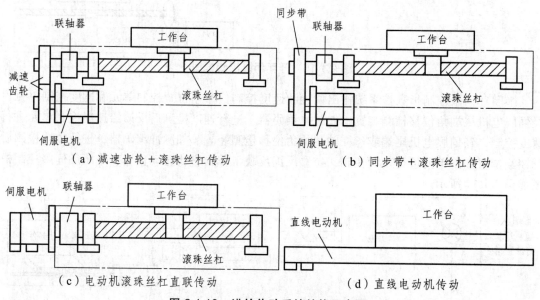

图 2.1.19　进给传动系统结构示意图

（三）FANUC 数控系统伺服控制

一般伺服控制框图如图 2.1.20 所示。典型数控系统有 3 个控制环，即位置环、速度环、电流环。

① 位置环接收 CNC 位置移动指令，与系统中位置反馈进行比较，从而精确控制机床定位。

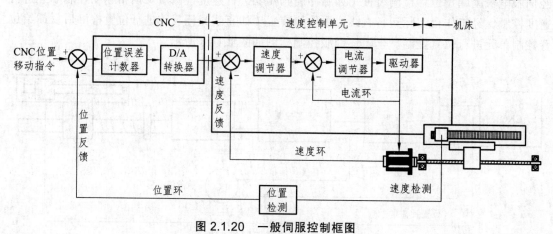

图 2.1.20　一般伺服控制框图

② 速度环是速度控制单元接收位置环传入的速度控制指令,与速度反馈进行比较后输入速度调节器,进行伺服电机的速度控制。

③ 电流环通过力矩电流设定,并根据实际负载的电流反馈状况,由电流调节器实现对伺服电机的恒转矩控制。

FANUC 数控系统伺服控制有自己的特点,典型 FANUC 数控系统也有 3 个控制环,FANUC 数控系统伺服控制框图如图 2.1.21 所示。

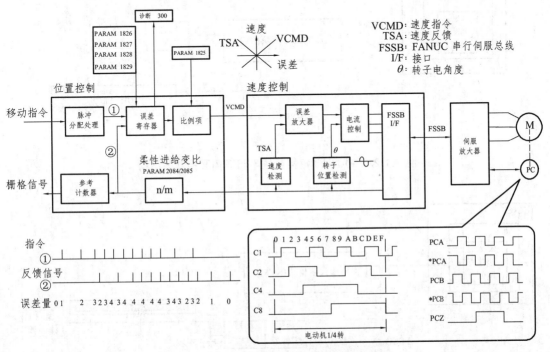

图 2.1.21 FANUC 数控系统伺服控制框图

从图 2.1.21 中可以看出,数控系统将加工程序编制的移动指令经过位置控制、速度控制以及电流控制处理产生脉宽调制信号送到伺服放大器,处理过程中采用的位置和速度反馈都来自于伺服电机尾部的脉冲编码器。脉冲编码器主要提供伺服电机位置、速度和转子位置信号。数控系统的脉宽调制信号、位置反馈信号、速度反馈信号、电流检测反馈信号以及报警接收信号等都经过 I/F 接口处理转换为光电信号,与伺服放大器串行通信。

伺服放大器只进行功率放大,其接收的位置和速度反馈信号都由数控系统进行处理,即数字伺服控制在数控系统中,这与传统的伺服控制框图有一定的区别。目前,FANUC 0i 系列产品的数字伺服控制都在数控系统中。脉冲编码器上的反馈信号经过串行处理反馈至伺服放大器,再由伺服放大器与 CNC 串行通信。所以,该编码器称为串行编码器。

以 0i-D 系统为例,FANUC 数控系统半闭环伺服控制的结构如图 2.1.22 所示,位置反馈数据和速度反馈数据均由安装在伺服电机上的(内置)脉冲编码器提供,经伺服放大器的 FSSB 传送到系统轴卡进行处理。内置脉冲编码器是串行脉冲编码器。

FANUC 数控系统全闭环伺服控制的结构如图 2.1.23 所示，速度反馈数据由伺服电机内置脉冲编码器传送到伺服放大器。伺服电机的位置反馈数据也由伺服电机内置脉冲编码器提供，丝杠的位置反馈数据由分离型位置检测器提供。直线标尺（如直线光栅尺、直线磁栅尺）或分离型脉冲编码器属于分离型位置检测器。

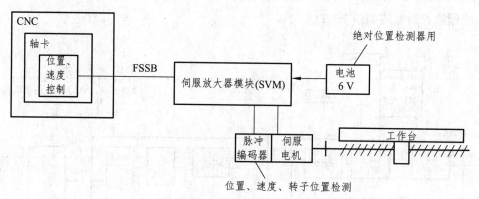

图 2.1.22　FANUC 数控系统半闭环伺服控制的结构

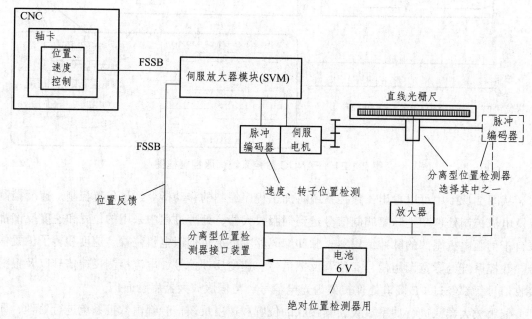

图 2.1.23　FANUC 数控系统全闭环伺服控制的结构

（四）FANUC 伺服放大器和伺服电机配置

FANUC 数控系统与伺服放大器及伺服电机配套关系如表 2.1.4 所示，在维护和维修当中必须了解表中所示的关系。

表 2.1.4　FANUC 数控系统与伺服放大器及伺服电机配套关系

FANUC 数控系统		伺服放大器及伺服电机
0i-A		$\alpha/\alpha C/\beta$ 系列
0i-B/C/D	0i-B/C/D	αi 系列和 βi 系列
	0i Mate-B/C/D	βi 系列
30i/31i/32i		αi 系列和 βi 系列
16i/18i/21i		αi 系列和 βi 系列

1. αi 系列伺服放大器和伺服电机

αi 系列伺服放大器和伺服电机外形如图 2.1.24 所示，其特点如下：

① 具有极其平滑的转速和快速的加减速控制。

② 具有高达 16 000 000 线/转的高分辨率脉冲编码器。

③ 可以实现纳米 CNC 系统的高速和高精度的伺服 HRV 控制。

④ 具有位置控制功能，能针对重复指令以非常高的水平实现高速和高精度加工。

⑤ 具有串行控制功能，能在 2 轴同步驱动中同时实现高增益和稳定性。

⑥ 具有伺服调整工具，能在短时间内实现高速和高精度的伺服调整。

⑦ 产品规格多，备有 200 V 和 400 V 输入电源规格。

⑧ 具有 ID 信息和伺服电机温度信息，从而使维修性提高。

图 2.1.24　αi 系列伺服放大器和伺服电机外形

2. βi 系列伺服放大器和伺服电机

βi 系列伺服放大器和伺服电机外形如图 2.1.25 所示。βi 系列伺服放大器和伺服电机分两种结构，一种是伺服放大器单独模块结构，简称 βiSV 系列；另一种是伺服放大器与主轴放大器一体化结构，简称 βiSVSP 系列。βi 系列伺服放大器和伺服电机的主要特点如下：

① 卓越的性价比。βiSVSP 系列伺服放大器与主轴放大器一体化设计，性价比高，节省配线，同时具有充足的功能和性能。βiSV 系列电源一体型伺服放大器组合灵活，有单轴型结构，也有双轴型结构。

② 维护性提高。具有 ID 信息和伺服电机温度信息，从而使维修性提高。

③ 平滑的转速和紧凑的机身设计。

④ 快速加速性能。采用独特的转子形状，体积小，质量轻，可以得到大转矩并实现快速加速。

⑤ 小巧的高分辨检测器。安装有小巧的高分辨率 βi 系列脉冲编码器，实现高精度进给控制，最高分辨率为 128 000 线/转。

⑥ 具有伺服调整工具，能在短时间内实现高速和高精度的伺服调整。

⑦ 产品规格多，也具有 200 V 和 400 V 输入主电源规格。

图 2.1.25 βi 系列伺服放大器和伺服电机外形

伺服电机是伺服系统电气执行部件。FANUC 伺服电机采用交流永磁式同步电动机，它由定子部分、转子部分和内置编码器组成。伺服电机分增量式位置/速度反馈和绝对式位置/速度反馈两种形式。增量式位置/速度反馈最高检测分辨率为 1 000 000 线/转，绝对式位置/速度反馈最高检测分辨率为 16 000 000 线/转。当外围电源断电后，绝对式位置/速度反馈的位置值依靠电池保护。

（五）FANUC 进给伺服硬件连接

下面以 200 V 系列为例介绍进给伺服硬件连接。

1. αi 伺服单元连接

（1）αi 伺服单元接口。

αi 伺服单元由电源模块、伺服放大器模块、主轴单元模块等组成。αi 伺服单元各部件示意图如图 2.1.26 所示。

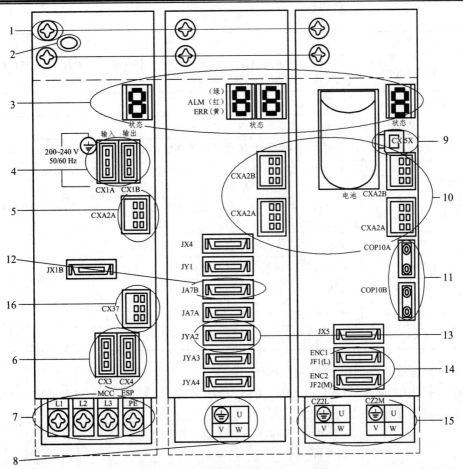

图 2.1.26 αi 伺服单元各部件示意图

图 2.1.26 所示的 αi 伺服单元各部件的功能如表 2.1.5 所示。

表 2.1.5 αi 伺服单元各部件的功能

序号	标注名称	功　能
1	DC Link	输入主电源电压为交流 200 V 时，直流母线 DC Link 电压为直流 300 V；输入主电源电压为交流 400 V 时，直流母线 DC Link 电压为直流 600 V
2	指示灯	DC Link 的充电指示灯
3	指示灯	电源模块、主轴放大器模块、伺服放大器模块状态指示灯
4	CX1A/CX1B	CX1A 接口是电源模块交流 200 V 的控制电压输入接口；CX1B 接口是电源模块交流 200 V 的控制电压输出接口
5	CXA2A	电源模块的 CXA2A 输出控制电源直流 24 V，给主轴放大器模块和伺服放大器模块提供直流 24 V 电源，同时电源模块上的*ESP（急停）等信号由 CXA2A 串联至主轴放大器模块和伺服放大器模块

续表 2.1.5

序号	标注名称	功 能
6	CX3/CX4	CX3 接口用于伺服放大器输出信号控制机床主电源接触器（MCC）吸合；CX4 接口用于外部急停信号输入
7	L1/L2/L3/PE	电源模块的三相主电源输入
8	U/V/W/PE	主轴放大器到主轴电机的动力电缆接口
9	CX5X	伺服放大器电池的接口（使用绝对式编码器）
10	CXA2A/CXA2B	用于放大器间直流 24 V 电源、*ESP（信号）、绝对式编码器电池的连接。接线顺序是从 CXA2A 到 CXA2B
11	COP10B/COP10A	伺服放大器的光缆接口，连接顺序是从上一个模块的 COP10A 到下一个模块的 COP10B
12	JA7B	数控系统连接主轴放大器模块的主轴控制指令接口
13	JYA2	主轴电机内置传感器的反馈接口
14	JF1/JF2	伺服位置和速度反馈接口
15	CZ2L/CZ2M	伺服放大器与对应伺服电机的动力电缆接口
16	CX37	断电检测输出接口

（2）αi 电源模块与伺服放大器模块的连接。

αi 电源模块（Power Supply Module，PSM）与伺服放大器模块（Servo Amplifier Module，SVM）的连接图如图 2.1.27 所示。

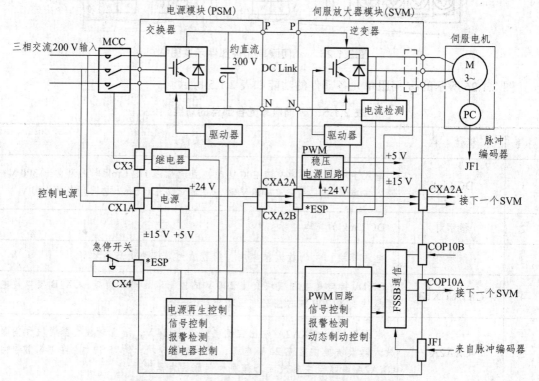

图 2.1.27 αi 电源模块与伺服放大器模块的连接图

从图 2.1.27 中可以看出，三相交流 200 V 主电源通过电源模块产生直流电压，提供给伺服放大器模块，作为公共动力直流电源，公共动力直流电源约为 300 V。控制电源为单相 200 V，由 CX1A 接口输入，除提供电源模块内部的部分本体使用电源外，还产生直流 24 V 电压，直流 24 V 电压和*ESP 信号由 CXA2A 输出到伺服放大器模块。若 CX1A 没有引入 200 V 电压，则电源模块、伺服放大器模块和主轴放大器模块都没有显示。

当有意外情况时，可以按下急停开关，从 CX4 接口输入急停信号。主电源接触器 MCC 由电源模块的内部继电器触点控制。当伺服系统没有故障，CNC 没有故障，且没有按下急停开关时，该内部继电器吸合。MCC 触点由 CX3 接口输出。

伺服放大器模块主电源来自电源模块直流 300 V 电压。控制用直流 24 V 电压和急停信号来自电源模块，输入接口为 CXA2B，它们也可以为下一个伺服放大器模块同步提供电压和急停信号。若没有控制用电流 24 V 电压，伺服放大器模块没有任何显示。

伺服放大器模块与 CNC 的信息交换（信号控制和信息反馈）物理连接由 FSSB 实现，连接接口为 COP10B，COP10A 用于连接下一个伺服放大器模块。若 FSSB 断开，则会有 SV5136 等报警。

伺服放大器模块最终输出控制伺服电机，伺服电机尾部的编码器反馈电缆连接至伺服放大器模块 JF1，用于速度和位置等反馈。如果编码器损坏或编码器的反馈电缆破损，导致速度和位置信息通信故障，系统会出现 SV0368 等报警。

（3）电源模块与主轴放大器模块的连接。

在需要主轴伺服电机的场合，伺服单元主轴放大器模块（Spindle Amplifier Module，SPM）是必不可少的。αi 电源模块与主轴放器模块的连接图如图 2.1.28 所示。

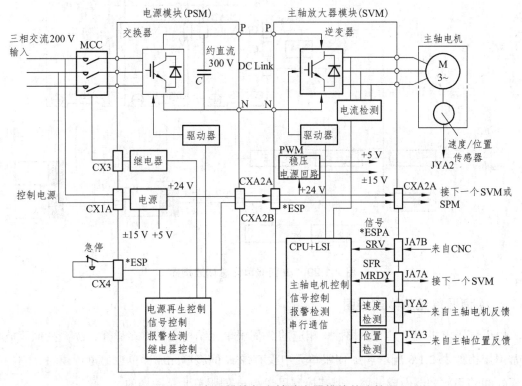

图 2.1.28　αi 电源模块与主轴放大器模块的连接图

主轴放大器模块动力直流电源 300 V 也是电源模块的直流电源，经主轴放大器模块后输出至主轴电机，没有动力直流电源，主电机不能工作。如果主轴出现过电流或过电压方面的报警，可以把主轴电机动力电缆从主放大器模块拆下，测量 3 根动力线的对地电阻，如果对地短路，表示主轴电机或主轴电机的动力电缆损坏。

主轴放大器模块中 CXA2B 接口所需直流 24 V 电源和急停信号的功能与伺服放大器模块一样，没有直流 24 V 控制电源，主轴放大器模块也不能显示。

主轴放大器模块控制信号来自 CNC，与 CNC 之间是串行通信。CNC 控制主轴电机，同时主轴放大器模块和主轴电机信息反馈给 CNC。

主轴电机内置传感器将速度反馈信号送到 JYA2。如果传感器损坏或传感器电缆破损导致通信故障，系统会出现 SP9073 等报警，主轴放大器七段 LED 数码管上显示"73"。若有主轴位置信号，物理电缆连接于 JYA3。

在图 2.1.29 中，断路器 1 保护主电源输入，接触器控制 αi 伺服单元主电源通电和电抗器平滑电源输入，浪涌保护器用于抑制线路中的浪涌电压。由于浪涌保护器本身为保护器件，在保护过程中极易损坏，因此，断路器 2 用于浪涌保护器短路保护，同时该断路器也可作为伺服单元控制电源、主轴电机风扇以及其他辅助部件的保护。

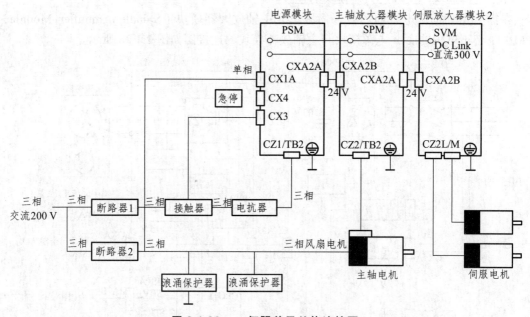

图 2.1.29 αi 伺服单元总体连接图

2. βi 伺服单元总体连接图

由于伺服电机规格具有多样性，相应的 βi 伺服单元结构也具有多样性，βi 系列伺服放大器常用规格如表 2.1.6 所示。βi 伺服单元中没有像 αi 伺服单元那样单独的电源模块，它的电源模块和功率放大器做成一体，但其控制思想与 αi 伺服单元是一样的。

表 2.1.6　*βi* 系列伺服放大器常用规格

序　号	规　格	连接和结构	备　注
1	*βi*SV4	相　同	单轴
2	*βi*SV20		单轴
3	*βi*SV40	相　同	单轴
4	*βi*SV80		单轴
5	*βi*SVSP2	相　同	双轴＋单轴
6	*βi*SVSP3		三轴＋单轴

（1）*βi*SV 伺服放大器。

*βi*SV 伺服放大器各部件示意图如图 2.1.30 所示，*βi*SV20 伺服放大器各部件的功能如表 2.1.7 所示。

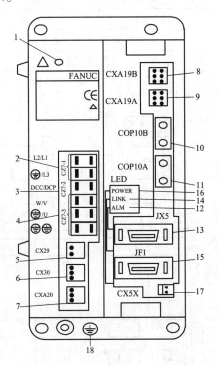
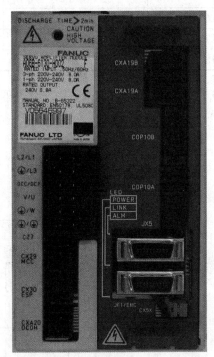

图 2.1.30　*βi*SV20 伺服放大器各部件示意图

表 2.1.7　*βi*SV20 伺服放大器各部件的功能

序　号	标注名称	功　能
1	指示灯	DC Link 充电指示灯
2	CZ7-1	主电源输入接口（200 V 交流输入）
3	CZ7-2	外置放电电阻接口
4	CZ7-3	伺服电机的动力线接口
5	CX29	主电源 MCC 控制信号接口

续表 2.1.7

序　号	标注名称	功　能
6	CX30	外部急停信号接口
7	CXA20	外置放电电阻接口（用于报警）
8	CXA19B	24 V 电源的输入接口
9	CXA19A	24 V 电源的输入接口
10	COP10B	伺服 FSSB 光缆接口
11	COP10A	伺服 FSSB 光缆接口
12	ALM	伺服报警状态指示灯
13	JX5	信号检测接口
14	LINK	FSSB 连接状态显示指示灯
15	JF1	伺服电机编码器接口
16	POWER	控制电源状态显示指示灯
17	CX5X	绝对位置编码器用电池接口
18	⏚	接地端子

βiSV4 和 βiSV20 伺服放大器总体连接图如图 2.1.31 所示。

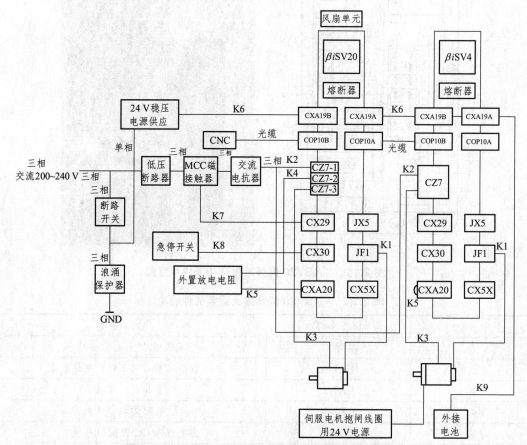

图 2.1.31　βiSV4 和 βiSV20 伺服放大器总体连接图

通过βiSV4 和βiSV20 伺服放大器总体连接图可以看出：

① CZ7-1 是三相 200 V 主电源输入接口；CZ7-2 是外置放电电阻接口；CXA20 为外置放电电阻温度报警输入接口。

② CX29 为主电源 MCC 控制信号的接口，当伺服系统和 CNC 没有故障时，CNC 向伺服放大器发出使能信号，伺服放大器内部继电器吸合，该继电器触点 MCC 闭合。CX30 为外部急停信号接口。这里的 CX29 与 CX30 接口的功能分别与αi 伺服单元的 CX3 和 CX4 功能一样。

③ CXA19B 和 CXA19A 为伺服放大器控制电源输入和输出接口，电压为直流 24 V。没有直流 24 V 电源，伺服放大器不会有显示。

④ COP1OB 和 COP10A 是伺服放大器伺服信号接口，即伺服 FSSB 光缆接口。CZ7-3 为伺服电机动力电缆接口。JF1 是伺服电机的反馈信号接口，即伺服电机编码器接口，与αi 伺服单元 JF1 功能一样。若伺服放大器与 CNC 之间的光缆通信有故障，就会有 SV5136 等报警。如果编码器损坏或编码器的反馈电缆破损导致位置信息通信故障，系统会出现 SV0368 等报警。

⑤ 若伺服电机有抱闸线圈，抱闸线圈应接直流 24 V；若脉冲编码器是绝对式编码器，有内置电池，应接至 CX5X 接口。

⑥ 浪涌保护器和交流电抗器功能与αi 伺服单元中的一样。

（2）βiSVSP 伺服放大器。

βiSVSP 伺服放大器各部件示意图如图 2.1.32 所示，βiSVSP 伺服放大器各部件的功能如表 2.1.8 所示。

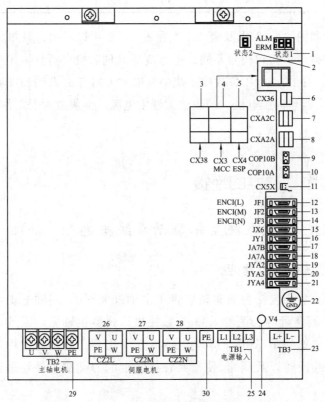

图 2.1.32　βiSVSP 伺服放大器各部件示意图

表 2.1.8 βiSVSP 伺服放大器各部件的功能

序号	标注名称	功　能	序号	标注名称	功　能
1	状态 1	伺服状态指示灯	16	JY1	负载表、速度表等接口
2	状态 2	主轴状态指示灯	17	JA7B	主轴指令信号串行输入接口
3	CX38	交流输入电源检测接口	18	JA7A	主轴指令信号串行输出接口
4	CX3	主电源 MCC 控制信号接口	19	JYA2	主轴传感器反馈信号 Mi、MZi 接口
5	CX4	紧急停止信号接口	20	JYA3	主轴位置编码器或外部一转信号接口
6	CX36	输出信号接口	21	JYA4	独立的主轴位置编码器接口
7	CXA2C	24 V 直流电源输入接口	22	⏚ GND	信号线接地端子
8	CXA2A	24 V 直流电源输出接口	23	TB3	直流动力电源指示灯
9	COP10B	伺服 FSSB 光缆接口	24	V4	直流动力电源指示灯
10	COP10A	伺服 FSSB 光缆接口	25	TB1	主电源连接端子
11	CX5X	绝对编码器内置电池用接口	26	CA2L	接第 1 个电机动力线
12	JF1	第 1 轴编码器连接接口	27	CZ2M	接第 2 个电机动力线
13	JF2	第 2 轴编码器连接接口	28	CZ2N	接第 3 个电机动力线
14	JF3	第 3 轴编码器连接接口	29	TB2	主轴电机动力电缆端子
15	JX6	断电后备模块	30	PE	接地端子

根据图 2.1.30 和图 2.1.32 以及表 2.1.7 和表 2.1.8 可以看出，虽然βiSV 伺服放大器和βiSVSP 伺服放大器外形、接口代号不同，但是βi 系列伺服放大器总体连接功能是一样的。

从上述介绍可以看出，FANUC 数控系统中伺服放大器有 αi 系列和 βi 系列，但 CNC 与伺服放大器、伺服放大器与伺服电机、伺服放大器主电源、伺服放大器工作电源等的具体连接功能是一样的。

八、主轴伺服驱动器的连接

（一）FANUC 数控系统主轴驱动系统概述

1. 主轴驱动系统组成及功能

典型的主轴驱动系统包括主轴驱动装置（主轴放大器）、主轴电机、主轴传动机构以及主轴速度/位置检测装置等，图 2.1.33 为数控机床典型主轴驱动系统组成。主轴驱动功能在加工编程中最常见的是 M03（M04）S××××指令，就是通过用户加工编程，实现数控机床主轴正转或反转以及调速，使安装在主轴上的刀具或工件与进给轴配合实现零件加工。

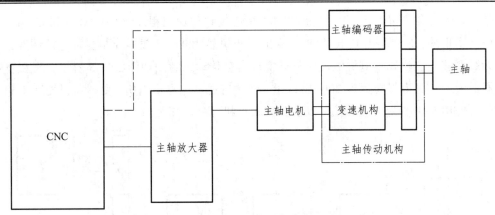

图 2.1.33　数控机床典型主轴驱动系统组成

2. 主轴传动方式

常见的数控机床主轴传动方式有以下几种：

（1）普通三相异步电机配置变速齿轮实现主轴传动。

三相异步电机转速公式为

$$n = 60f/[p \times (1-s)]$$

式中　f——电机工作频率；

p——电机极对数；

s——电机转差率。

工频运行指发电厂输出的频率为 50 Hz。电机极对数 p 和电机转差率 s 是固定的，所以电机运行在工频情况下，电机速度是恒定的。数控机床调速只能通过齿轮换挡实现，主轴正转、反转和停止分别通过 M03、M04 和 M05 指令由 PLC 电气控制实现，调速可通过 M00 指令使加工程序执行暂停，然后手动进行换挡到加工工艺需要的速度，再循环运行。普通三相异步电机配置变速齿轮实现主轴传动示意图如图 2.1.34 所示。

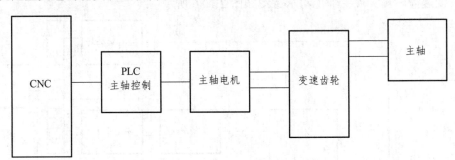

图 2.1.34　普通三相异步电机配置变速齿轮实现主轴传动示意图

（2）三相异步电机配置变频器实现主轴传动。

改变电机工作频率可以实现电机调速，变频器的作用就是改变电机工作频率。变频器驱动电机可以是普通的三相异步电机，也可以是变频器专用的变频器电机。电机和主轴常使用同步带连接，主轴正转、反转、停止和调速是通过编制加工程序（M03/M04/M05）由 PLC 电气控制实现的，S 代码由 CNC 处理，输出给变频器，再由变频器控制主轴电机调速，实现主轴无级调速。三相异步电机配置变频器实现主轴传动示意图如图 2.1.35 所示，现在普通的变频器最大调速频率都能达到 200 Hz 以上，使用普通三相异步电机，变频器只能在工频以下调速，若使用专用的变频电机就可以达到变频电机标称的速度。

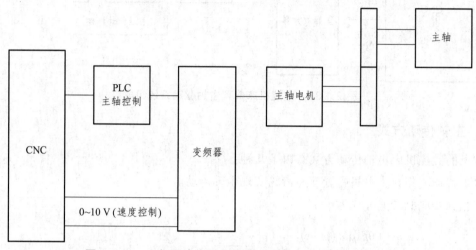

图 2.1.35　三相异步电机配置变频器实现主轴传动示意图

（3）三相异步电机配置变频器以及变速齿轮箱实现主轴传动。

这种主轴传动方式兼有上述两种方式的优点，主要是变速齿轮箱能在主轴低速时传递较大的转矩，避免了电机直接带动主轴时低速区输出转矩小的弊端。由于是变频器驱动三相异步电机，能实现电机的无级调速，从而能实现主轴无级调速，两者组合扩大了主轴调速的范围，可满足不同加工工艺的需要。主轴的正转、反转以及停止可编制加工程序（M03/M04/M05）实现控制。齿轮换挡通过 M41、M42 和 M43 指令实现，S 代码调速由变频器实现。在每一挡都能实现无级调速控制。这种主轴传动方式主要用于普及型数控机床，三相异步电机配置变频器以及变速齿轮箱实现主轴传动示意图如图 2.1.36 所示。

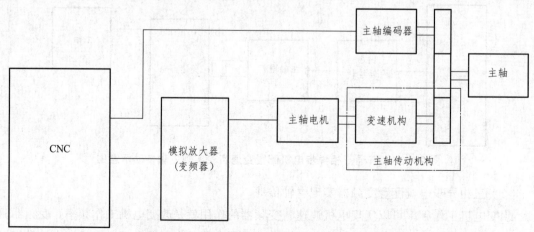

图 2.1.36　三相异步电机配置变频器以及变速齿轮箱实现主轴传动示意图

（4）主轴伺服电机配置主轴伺服放大器实现主轴传动。

主轴伺服电机必须选用配套的主轴伺服放大器构成主轴伺服驱动系统。主轴伺服电机用于主轴传动，刚性强、调速范围宽、响应快、速度高、过载能力强，主轴正转、反转、停止和调速通过编制含 M03、M04、M05 指令和 S 代码的加工程序实现。为了实现低速大转矩并扩大调速范围，也可以加配变速齿轮，最终实现分段无级调速。

使用主轴伺服电机除具有上述介绍的速度控制优点外，数控系统对主轴伺服驱动系统还可以实现主轴定向（又称主轴准停）、刚性攻螺纹、CS 轮廓控制、主轴定位等主轴伺服特殊功能，满足数控机床加工的特殊工艺需要。主轴伺服电机实现主轴传动示意图如图 2.1.37 所示。

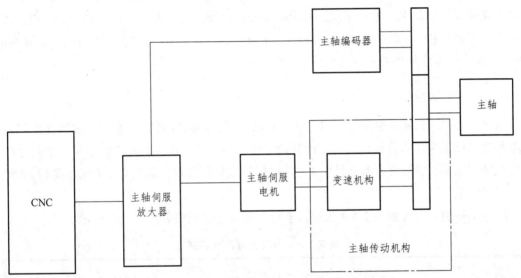

图 2.1.37　主轴伺服电机实现主轴传动示意图

（5）电主轴。

为了满足现代数控机床高速、高效、高精度加工的需要，电主轴单元把电机和高精度主轴直接结合在一起，减少了机械传动机构，提高了传动效率，同时消除了由机械传动产生的振动噪声。电主轴外形如图 2.1.38 所示，从图中可以看出，电主轴的结构十分紧凑、简洁，由于一般使用的电主轴速度都比较高，高速旋转容易产生热量，因此，电主轴的主要问题是解决高速旋转时产生的热量。一般电主轴的轴承采用陶瓷轴承，在电机铁心中增加油冷却通道，外部增加冷却装置，把电机本身产生的热量带走。

图 2.1.38　电主轴外形

（二）FANUC 数控系统主轴控制方式

电主轴驱动系统可以选用中频变频器或主轴伺服放大器，满足数控机床高速、高精加工的需要。

FANUC 数控系统主轴控制主要有两大类：一类是系统输出模拟量控制，称为模拟主轴控制；另一类是系统输出串行数据控制，称为串行主轴控制。

1. 模拟主轴控制

模拟主轴控制指 FANUC 数控系统输出模拟电压控制主轴，模拟电压范围为 $0 \sim \pm 10$ V。主轴由调速器控制的主轴电机驱动，常用的主轴调速器是变频器，主轴电机一般选用普通异步电机或变频电机，实现主轴的启动、停止、正反转以及调速等。编程加工指令是 M03（M04）S××××，模拟主轴控制示意图如图 2.1.36 所示。

2. 串行主轴控制

在 FANUC 0i 系列数控系统中，FANUC CNC 控制器与 FANUC 主轴伺服放大器之间数据控制和信息反馈采用串行通信进行。配套的主轴伺服电机也称为串行主轴电机。本任务以下内容无特别说明，主轴放大器就是指 FANUC 串行主轴伺服放大器；主轴电机就是指 FANUC 主轴伺服电机。

串行主轴控制方式如表 2.1.9 所示，串行主轴控制示意图如图 2.1.37 所示。

表 2.1.9　串行主轴控制方式

控制方式	控制功能	速度、位置控制
速度控制	由 CNC 与主轴放大器通过数字串行通信方式实现主轴速度控制	速度控制
定向控制	数控系统对主轴位置的简单控制，该功能使得主轴准确停止在某一固定位置，一般用于加工中心主轴换刀的情况	位置控制
刚性攻螺纹	指主轴旋转一转，所对应钻孔轴的进给量与攻螺纹的螺距相同；在刚性攻螺纹时，主轴的旋转和进给轴的进给之间总是保持同步	速度和位置控制
CS 轮廓控制	该功能由安装在主轴上的专用检测器对串行主轴进行位置控制	位置控制

串行主轴控制除需进行物理电气硬件连接外，还需要进行主轴功能配置和机床制造商功能开发。

若选用 FANUC 0i 数控系统，主轴传动方式中的（1）、（2）、（3）属于数控系统输出模拟电压的模拟主轴控制方式；方式（4）属于串行主轴控制方式；方式（5）若选用 FANUC公司的电主轴，也属于串行主轴控制方式，若选用中高频变频器控制，则属于模拟主轴控制方式。

（三）FANUC 串行主轴硬件连接

FANUC 0i-D 数控系统主轴电机常用的有两种系列，分别为 αi 系列和 βi 系列。αi 主轴电机是具有高速输出、高加速度控制的电机，具有主轴高响应矢量（High Response Vector，HRV）控制；βi 主轴电机通过高速的速度环运算周期和高分辨率检测回路实现高响应、高精度主轴控制。αi 和 βi 主轴电机与相应的主轴放大器虽然连接位置不同，但都有共同的连接特性。

1. αi 主轴放大器模块与外围设备连接

αi 主轴放大器模块实物和接口位置如图 2.1.39 所示，各部件功能如表 2.1.10 所示，αi 主轴放大器模块与外围设备连接框图如图 2.1.40 所示。

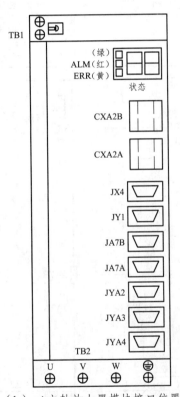

（a）αi 主轴放大器模块实物　　　　　（b）αi 主轴放大器模块接口位置图

图 2.1.39　αi 主轴放大器模块实物和接口位置

表 2.1.10　αi 主轴放大器模块各部件功能

标注名称	标注含义	备　注
TB1	直流母线	
状态	七段 LED 数码管状态显示	
CXA2B	直流 24 V 电源输入接口	

续表 2.1.10

标注名称	标注含义	备　注
CXA2A	直流 24 V 电源输出接口	
JX4	主轴检测板输出接口	
JY1	负载表和速度仪输出接口	
JA7B	串行主轴输入接口	
JA7A	串行主轴输出接口	
JYA2	主轴电机内置传感器反馈接口	
JYA3	外置主轴位置一转信号或主轴 独立编码器连接接口	
JYA4	外置主轴位置信号接口	仅适用于 B 型控制
TB2	电机连接线	
⏚	接地位置	

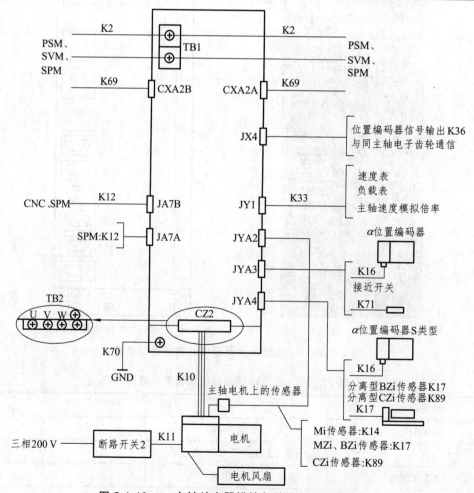

图 2.1.40　αi 主轴放大器模块与外围设备连接框图

要理解图 2.1.40 的连接思路，必须结合 αi 电源模块与主轴放大器模块的连接图。图 2.1.40 中用 K 开头的标号都是连接电缆的标号。

（1）K2 来自图 2.1.40 所示的电源模块产生的直流电源，从图中可以看出电源模块产生的直流电源同时送给主轴放大器模块 SPM 和伺服放大器模块 SVM。

（2）K69 来自电源模块，是电源模块、主轴放大器模块、伺服放大器模块之间的串行通信电缆，主要由电源模块产生直流 24 V 电压提供给主轴放大器模块的 CXA2B。因为主轴放大器模块中有控制印制电路板，需要工作电压。若后面还需要直流 24 V 电压，可以从 CXA2A 输出；串行电缆中还有急停、电池、报警信息等功能线。

（3）K12 电缆来自 CNC 或上一个主轴放大器模块（SPM）的 JA7A，接到 JA7B 上，若还有 1 个主轴放大器模块，则从该主轴放大器模块的 JA7A 输出至下一个的 JA7B。

（4）K70 为主轴放大器模块接地导线标号；TB2 是主轴放大器模块输出到主轴电机的连接端子（U、V、W、PE），电缆标号是 K10。

（5）FANUC 主轴放大器模块根据主轴电机规格和主轴控制功能的不同，采用不同的反馈接法。

① 仅需要速度控制，则主轴电机传感器反馈采用 Mi 传感器；需要主轴位置控制功能，则主轴电机传感器反馈采用 MZi、BZi、CZi 传感器。Mi 传感器是主轴电机的速度传感器，采用 MZi 或 BZi 传感器作为主轴电机的速度/位置传感器时，具体的电缆连接线是不一样的。主轴电机上的传感器信号线接至 JYA2，Mi 传感器的电缆标号为 K14，MZi、BZi 传感器的电缆标号为 K17。若希望主轴电机位置定位精度更高一点，应选择 CZi 传感器，传感器信号线仍接至 JYA2，但电缆标号为 K89。

② 若主轴放大器模块类型是 B 型（双传感器输入），主轴位置传感器还可以选用 α 位置编码器 S 类型（正弦波信号），必须把电缆信号接至 JYA4，电缆标号是 K16；若选用分离型 BZi 传感器或 CZi 传感器作为主轴电机位置传感器，也必须接至 JYA4，但电缆标号分别是 K17 和 K89。

③ 若是 A 型主轴放大器模块（单传感器输入），则没有 JYA4 的电缆连接。对于 A 型主轴放大器模块，若主轴电机没有内置位置传感器，可以外接位置传感器。位置传感器主要有两种，一种是 α 位置编码器（方波信号），信号线接至 JYA3，电缆标号是 K16；另一种是用一个接近开关产生一转信号，信号线也接至 JYA3，电缆标号是 K71。

④ JY1 是主轴放大器模块输出的主轴电机速度和负载电压信号的输出接口，可以接收主轴速度模拟倍率等，即可以把输出信号外接至速度表、负载表，通过接收速度模拟电压进行调速。JY1 的电缆标号是 K33。

2. βi 主轴放大器与外围连接

βi 主轴放大器与 βi 伺服放大器是一体化设计的，称为一体型放大器（SVSP），如图 2.1.32

所示,从图 2.1.32 所示的连接图可以看出,涉及主轴的接口代号、功能、接线、电缆代号与 αi 主轴放大器模块都是一样的。

FANUC 主轴电机必须与 FANUC 主轴放大器配套使用。FANUC 主轴电机和主轴放大器有 αi 系列和 βi 系列多种规格,FANUC 主轴电机不仅在加速性能、调速范围、调速精度等方面大大优于变频器,而且主轴放大器可以在极低的转速下输出大转矩,同时可以像伺服放大器一样实现闭环位置控制功能,满足主轴定位、刚性攻螺纹、螺纹加工、CS 轴控制等功能要求。

αi 系列主轴电机规格如表 2.1.11 所示。标准 αiI 系列主轴电机是常规机床使用的主轴电机;αiIP 系列是恒功率、宽调速范围的主轴电机,可以通过绕组切换实现高低速控制,不需要减速单元;αiIT 和 αiIL 系列主轴电机与主轴直接相连,其中 αiIT 有风扇外部冷却机构,通过联轴器与中心内冷主轴直接连接,而 αiIL 与 αiIT 结构类似,但 αiIL 还具有液态冷却机构,适合高速、高精度的加工中心。此外,FANUC 主轴电机还有 αiIHV 系列 400 V 高压型 αi 系列主轴电机可供用户选择。

表 2.1.11　αi 系列主轴电机规格

系　列	额定功率/kW	性　　能	应用场合
αiI	0.55 ~ 45	常规机床使用	
αiIP	5.5 ~ 22	可通过切换线圈绕组实现很宽的调速范围,不需要减速单元	适合车床和加工中心
αiIHV	0.55 ~ 100	400 V 高压型 αi 系列主轴电机	
αiIT	1.5 ~ 22	主轴电机转子是中空结构,主轴电机与主轴直接连接,维修方便,传动结构简化,具有更高的转速	适合加工中心
αiIL	7.5 ~ 22	具有液态冷却机构,主轴电机与主轴直接连接,适合高精度的加工中心	

βi 系列主轴电机规格如表 2.1.12 所示,βi 系列主轴电机用于普及型、经济型加工中心与数控车床,与同规格的 αi 系列主轴电机相比,其输出转矩较低、额定转速较高。

表 2.1.12　βi 系列主轴电机规格

系　列	额定功率/kW	性　　能	应用场合
βiI	3.7 ~ 15	可选择 Mi 或 MZi 传感器,最高转速为 10 000 r/min	普及型、经济型加工中心与数控车床的经济型产品
βiIC	3.7 ~ 15	无传感器,最高转速为 6 000 r/min	
βiIP	3.7 ~ 11	可通过切换线圈绕组实现很宽的调速范围,不需要减速单元	

用户可以根据需要选择 αi 系列和 βi 系列主轴电机，主轴电机有法兰安装和地脚安装两种安装结构。

3. FANUC 主轴电机内置传感器检测

FANUC 主轴电机速度和位置传感器检测分无传感器检测、Mi 传感器检测、MZi/BZi/CZi 传感器检测等。

（1）无传感器检测。

FANUC 主轴电机中只有 βiL 系列有部分规格属于无传感器检测类型，αi 系列均属于有传感器检测类型。

（2）Mi 传感器检测。

Mi 传感器是不带零位脉冲信号、输出为 64～256 线/转正弦波的标准内置式磁性编码器，主轴放大器把内置 Mi 传感器作为速度反馈检测装置来使用。Mi 传感器速度反馈电缆接至主轴放大器的 JYA2，电缆标号是 K14。

（3）MZi 传感器检测。

MZi 传感器是带零位脉冲信号、输出为 64～256 线/转正弦波的标准内置式磁性编码器，主轴放大器把内置 MZi 传感器作为主轴电机速度和位置检测反馈装置来使用。内置 MZi 传感器反馈电缆接至主轴放大器的 JYA2，电缆标号是 K17。

（4）BZi 传感器检测。

BZi 传感器是带零位脉冲信号、输出为 128～512 线/转正弦波、无前置放大器的内置/外置通用型磁性编码器，也可以用于主轴电机的速度和位置检测，只在 αi 系列主轴伺服驱动系统中选用。主轴电机内置的 BZi 传感器反馈电缆接至主轴放大器的 JYA2，电缆标号是 K17。

（5）CZi 传感器检测。

CZi 传感器是带零位脉冲信号、输出为 512～1 024 线/转正弦波、带前置放大器的内置/外置通用型磁性编码器，也可以用于主轴电机的速度和位置检测，只在 αi 系列主轴伺服驱动系统中选用。主轴电机内置的 CZi 传感器反馈电缆接至主轴放大器的 JYA2，电缆标号是 K89。

【实战演练】

一、各功能部件认识

1. 查找系统序列号和功能部件

（1）根据前述内容的介绍，在系统主板外贴的标签上查找系统序列号，再在 MDI 面板上按功能键 ⬚，依次单击【系统】、【＋】、【维护信息】，进入"维护信息"页面，查找和比较系统序列号。

（2）在 MDI 面板上按功能键 ⬚，单击【系统】出现系统配置页面，可通过 ⬚、⬚ 键进行翻页，分别显示系统硬件和软件配置页面，整理出实验设备系统主要配置清单并填写表 2.1.13。

表 2.1.13　实验设备系统主要配置清单

品　名	规　格	ID
主　板		
轴　卡		
FLASH ROM/SRAM		
电　源		
显示 CNC 识别编号的 ID 信息		

2. 了解功能部件

打开系统后盖，根据教材并参照维修说明书（B-64305CM），了解功能部件的外形、在 CNC 系统内的位置以及各部件的功能。

二、系统各个部件认识

1. 查看实验设备的部件

实验设备系统主要部件清单如表 2.1.14 所示。

表 2.1.14　实验设备系统主要部件清单

系统名称	规　格	功　能
CNC		
放大器		
电机		

2. 对现有实验设备进行观察

找出哪些是具有伺服主轴控制功能的系统，哪些是具有模拟主轴控制功能的系统，并对各控制端口的作用进行说明，填写表 2.1.15。

表 2.1.15 实验设备系统各控制端口清单

	所连接实训台规格
系统型号	
伺服主轴系统规格	
模拟主轴系统规格	
系统各控制端口名称	系统各控制端口作用

三、试验设备电源回路主要元件分析

将电源回路的主要电气元件填入表 2.1.16 中，并设计电气柜的布局。

表 2.1.16 实验设备电源回路的主要电气元件清单

实践内容	回路分类	电气元件标示	回路控制原理说明
电源回路主要元件分析	主电源回路	QF1	进线 L1、L2、L3 为三相 380 V，出线 L11、L12、L13 为三相 380 V
	伺服电源回路		
	系统控制电源回路		
	刀架电源回路		
	刀库电源回路		
	润滑电源回路		

四、系统熔断器更换

在更换熔断器前，要先排除使熔断器烧断的故障。在打开机柜更换熔断器时，注意不要接触高压电路部分（该部分带有标记并配有绝缘盖），以免触电。控制单元的熔断器安装在如图 2.1.41 所示的位置。

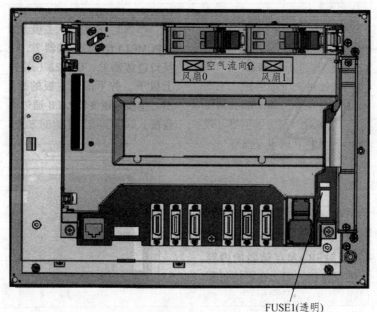

FUSE1(透明)
输入直流24 V用

图 2.1.41　控制单元的熔断器的位置

熔断器的备货规格如表 2.1.17 所示。

表 2.1.17　熔断器的备货规格

符　号	用　途	备货规格	额定值	具体规格
FUSE1	输入直流 24 V 用	A02B-0236-K100	5 A	A60L- 0001-0290#LM50C

五、系统电池更换

一般机床使用如下两类电池：

① 安装在 CNC 控制单元内的锂电池。

② 外设电池盒，使用市面上出售的碱性干电池（一号）。

锂电池的更换方法如下所述：

步骤 1：先准备电池（备货规格：A02B-0309-K102）。

步骤 2：接通机床电源，等待大约 30 s 后再关断电源。

步骤 3：拔出位于 CNC 装置背面右下方的电池（抓住电池的闩锁部位，一边拆下电池盒中的卡爪，一边向上拔出），如图 2.1.42 所示。

步骤 4：安装事先准备好的新电池（一直将卡爪按压到卡入电池盒内为止，确认闩锁已经钩住壳体），如图 2.1.43 所示。

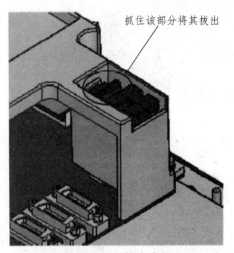

图 2.1.42　拔出电源

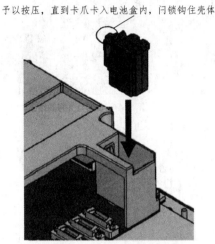

图 2.1.43　安装新电池

六、系统风扇更换

更换风扇前，先准备好备件。风扇备货规格如表 2.1.18 所示。

表 2.1.18　风扇备货规格

单　　元	备货规格	安装位置	需要个数
不带选项插槽的单元	A02B-0309-K120	风扇 1（右）	1 个
	A02B-0309-K120	风扇 0（左）	1 个
带 2 个选项插槽的单元	A02B-0309-K120	风扇 1（右）	1 个
	A02B-0309-K121	风扇 0（左）	1 个

风扇更换方法如下所述：

步骤 1：在更换风扇之前，关掉 CNC 电源。

步骤 2：拉出要更换的风扇（抓住风扇的闩锁部分，一边拆除壳体上附带的卡爪，一边将其向上拉出），如图 2.1.44 所示。

步骤 3：安装新的风扇（予以推压，直到风扇的卡爪进入壳体），如图 2.1.45 所示。

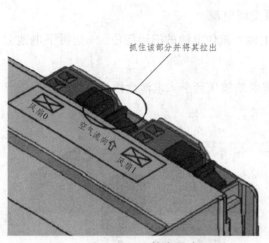
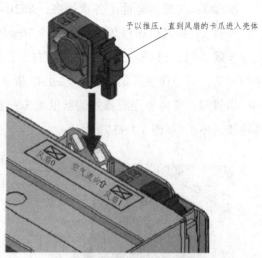

图 2.1.44 拉出风扇   图 2.1.45 安装新风扇

任务二 FANUC 数控系统 PMC 控制与维护

【工作内容】

（1）简述 I/O 模块和 I/O 模块地址的设定。

（2）调用 PMC 信号状态诊断页面与参数维护。

（3）对 PMC 数据进行备份与恢复。

（4）对数控系统典型 PMC 程序功能进行分析。

（5）使用 PMC 程序监控与维护页面。

【知识链接】

一、I/O 模块和 I/O 模块地址的设定

（一）PMC 的定义和作用

PMC（Programmable Machine Controller）是可编程机床控制器，它能实现机床的顺序控制，如主轴旋转、换刀、机床操作面板的控制等。

顺序控制是按照事先确定的顺序或逻辑，对每一个阶段依次进行的控制。用来对机床进行顺序控制的程序叫作顺序程序，梯形图语言（Ladder Language）编写的程序就是顺序程序。

相比于 0i-C 及 0i-A/B 系统，0i-D 系统的 PMC 具有的优点和功能为：高速、大容量，梯形图命令扩展功能，功能模块化，多语言自由切换功能等。

（二）FANUC 0i 系统 PMC 知识

1. PMC 规格

常用 PMC 规格如表 2.2.1 所示。

表 2.2.1　常用 PMC 规格

PMC 类型		0i/16i/18i/21i		0i Mate-D	0i-D
		PMC-SA1	PMC-SB7	PMC/L	PMC
编程方法		梯形图	梯形图	梯形图	梯形图
程序级数		2	3	2	3
第一级程序扫描周期		8 ms	8 ms	8 ms	8 ms
基本指令执行时间		5 μs/步	0.033 μs/步	1 μs/步	25 ns/步
梯形图容量	梯形图	12 000 步	程序最大 64 000 步	8 000 步	32 000 步
	符号和注释	1～128 kB		至少 1 kB	至少 1 kB
	信息	8～64 kB		至少 8 kB	至少 8 kB
基本指令数		12	14	14	14
功能指令数		48	69	92	93
扩展指令数		—	—	24（基本指令）217（功能指令）	24（基本指令）218（功能指令）
内部继电器 R		1 100 B	8 500 B	1 500 B	8 000 B
外部继电器 E		—	8 000 B	10 000 B	10 000 B
显示信息请求位 A		200 点	2 000 点	2 000 点	2 000 点
子程序 P		—	2 000	512	5 000
标号 L		—	9 999	9 999	9 999
非易失性存储器	可变定时器 T	40 个	250 个	40 个	250 个
	固定定时器	100 个	500 个	100 个	500 个
	计算器 C	20 个	100 个	20 个	100 个
	固定计数器	—	100 个	20 个	100 个
	保持继电器 K	20 B	120 B	120 B	200 B
	数据表 D	1 860 B	10 000 B	3 000 B	10 000 B
I/O Link	输入	最多 1 024 点	最多 1 024 点	最多 256 点	最多 2 048 点
	输出	最多 1 024 点	最多 1 024 点	最多 256 点	最多 4 096 点
顺序程序存储介质		FLASH ROM 64 kB	FLASH ROM 768 kB	FLASH ROM 128 kB	FLASH ROM 384 kB
PMC→CNC（G 地址）		G0～G255	G0～G767	G0～G767	G0～G767
CNC→PMC（F 地址）		F0～F255	F0～F767	F0～F767	F0～F767

2. PMC 顺序程序

PMC 从梯形图的开头执行直至梯形图的结尾，运行结束之后再次从梯形图的开头重新执行，称为顺序程序的循环执行。PMC 顺序程序如图 2.2.1 所示。

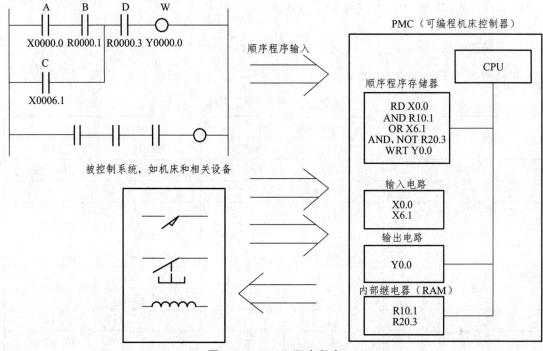

图 2.2.1　PMC 顺序程序

每条指令都被 CPU 高速读入并执行，CPU 把外部的输入条件读入输入存储区，寄存在运算寄存器中，并与其他的逻辑条件一起执行后，把结果寄存在运算寄存器中。最终运算结果输出到输出存储器，再通过物理 I/O 接口输出。

从梯形图的开头执行至结尾的时间称为循环处理周期。循环处理周期越短，信号的响应能力就越强。

FANUC 数控系统将 PMC 顺序程序分为两部分：第一级程序和第二级程序，如图 2.2.2 所示。

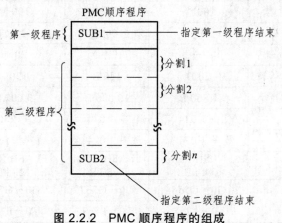

图 2.2.2　PMC 顺序程序的组成

　　第一级程序和第二级程序的循环处理周期不一致。第一级程序每 8 ms 执行一次,处理响应快的短脉冲信号;第二级程序每 $8n$ ms 执行一次,n 为第二级程序的分割数。执行第二级程序时,PMC 会根据执行程序所需要的时间自动把第二级程序分割成 n 块,每 8 ms 只执行其中的一块。分割第二级程序是为了执行第一级程序,当分割数为 n 时,顺序程序的执行过程如图 2.2.3 所示,其中分割 1、分割 2、…、分割 n 分别为第 $1-n$ 次循环执行。当第二级程序被分割的最后一部分执行完毕后,程序返回开头重新执行。第二级程序被分割得越多,一个循环的执行时间越长。8 ms 中的 1.25 ms 用于执行第一级程序和第二级程序,剩余时间由 CNC 使用。

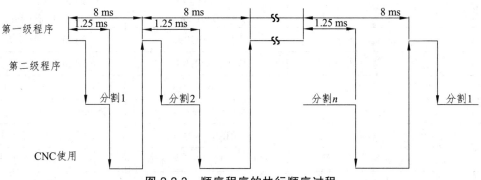

图 2.2.3　顺序程序的执行顺序过程

3. PMC 地址

　　PLC 程序用地址来区分信号,不同类的地址对应不同类的信号。FANUC 数控系统 PMC 程序中不同类地址也分别对应机床侧的输入/输出信号、CNC 侧的输入/输出信号、内部继电器信号、计数器信号、定时器信号、保持继电器信号和数据表信号等信号类别。PMC 程序中每个地址由地址类型、地址号和位号组成。例如,输入地址 X2.0 和输出地址 Y1.0,其中 X 和 Y 是地址类型,X 表示输入信号,Y 表示输出信号;小数点前数字为地址号,一般用 4 位数字来表示;小数点后数字为位号,范围为 0~7。顺序程序中有时还指定以字节为单位的地址。例如,根据指令需要,X2.0~X2.7 这 8 个位输入信号可以用以字节为单位的地址来表示,即用 X2 来表示,这时不需要写出小数点和位号。

　　地址类型包括 X、Y、F、G、K、A、T、R、C、D、L、P 等字符。不同版本的 PMC 软件和物理硬件连接,PMC 地址范围稍有差异。以 FANUC 0i-D 数控系统为例,PMC 地址类型、地址含义、地址范围如表 2.2.2 所示。

表 2.2.2　FANUC 0i-D 数控系统 PMC 地址类型、地址含义、地址范围

地址类型	地址含义	地 址 范 围	
		0i-D	0i-D/0i Mate-D
		PMC	(PMC/L)
X	机床→PMC	X0.0~X127.7 X200.0~X327.7	X0.0~X127.7
Y	PMC→机床	Y0.0~Y127.7	Y0.0~Y127.7

续表 2.2.2

地址类型	地址含义	地 址 范 围	
		0i-D	0i-D/0i Mate-D
		PMC	（PMC/L）
F	CNC→PMC	F0.0～F767.7 F1000.0～F1767.7	F0.0～F767.7
G	PMC→CNC	G0.0～C767.7 Gl000.0～G1767.7	G0.0～G767.7
R	内部继电器	R0.0～R7999.7 R9000.0～R9499.7	R0.0～R1499.7 R9000.0～R9499.7
E	外部继电器	E0.0～F9999.7	E0.0～E9999.7
D	数据表	D0.0～D9999.7	D0.0～D2999.7
C	可变计数器	C0～C399（字节）	C0～C79（字节）
	固定计数器	C5000～C5199（字节）	C5000～C5039（字节）
T	可变定时器	T0～T499（字节）	T0～T499（字节）
	可变精度计时器	T9000～T9499（字节）	T9000～T9079（字节）
K	用户保持继电器	K0～K99（字节）	K0～K19（字节）
	系统保持继电器	K900～K999（字节）	K900～K999（字节）
A	信息显示请求信号	A0～A249（字节）	A0～A249（字节）
L	标记号	L1～L9999	L1～L9999
P	子程序	P1～P5000	P1～P512

以 PMC 为核心，各地址类型相互关系如图 2.2.4 所示。

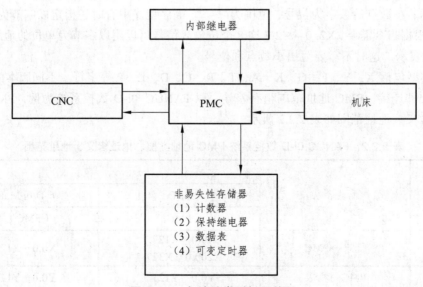

图 2.2.4 各地址类型相互关系

（1）从机床到 PMC 的输入信号地址（机床→PMC）。

从机床到 PMC 的输入信号地址类型为 X。在 FANUC 0i-D 系统中，随着 PMC 软件版本和硬件连接模块的不同，地址范围是不同的，如表 2.2.2 所示。在 0i-A/B 数控系统中还有内置 I/O 模块输入地址，内置 I/O 模块输入地址范围为 X1000.0 ~ X1019.7。由于数控系统工作原理的特殊性，部分固定地址如表 2.2.3 所示。

表 2.2.3　部分固定地址

信　　号	符　　号	外置 I/O Link 模块输入地址	内置 I/O 模块输入地址
跳转（SKIP）信号	SKIP	X4.7	X1004.7
急停信号	*ESP	X8.4	X1008.4
第 1 轴参考点返回减速信号	*DEC1	X9.0	X1009.0
第 2 轴参考点返回减速信号	*DEC2	X9.1	X1009.1
第 3 轴参考点返回减速信号	*DEC3	X9.2	X1009.2
第 4 轴参考点返回减速信号	*DEC4	X9.3	X1009.3

（2）从 PMC 到机床的输出信号地址（PMC→机床）。

从 PMC 到机床的输出信号地址类型是 Y。在 FANUC 0i-D 系统中，随着 PMC 软件版本和硬件连接模块的不同，地址范围是不同的，如表 2.2.2 所示。在 0i-A/B 数控系统中还有内置 I/O 模块输出地址，内置 I/O 模块输出地址范围为 Y1000.0 ~ Y1014.7。输出信号地址没有特殊规定。

（3）从 PMC 到 CNC 的输出信号地址（PMC→CNC）。

从 PMC 到 CNC 的输出信号地址类型是 G。在 FANUC 0i 系统中，因为不同系统功能存在差异，所以对应的 G 地址有一定的差异，如表 2.2.2 所示。G 地址信号的功能是固定的，此功能定义由 FANUC 公司规定，用户不能修改，用户只能根据 FANUC 功能需要，通过 PMC 梯形图进行逻辑处理，产生结果送给 CNC 来实现 CNC 的各种控制功能。

（4）从 CNC 到 PMC 的输入信号地址（CNC→PMC）。

从 CNC 到 PMC 的输入信号地址类型是 F。在 FANUC 0i 系统中，因为不同系统功能存在差异，所以对应的 F 地址有一定的差异，如表 2.2.2 所示。F 地址信号的功能是固定的，此功能定义由 FANUC 公司规定，反映 CNC 系统的工作状态，用户不能修改。用户只能根据 FANUC 功能和机床侧功能需要，选取 F 地址信号参与由用户编制的 PMC 梯形图进行逻辑处理。

（5）内部地址。

PMC 的内部地址主要有定时器地址、计数器地址、保持继电器地址、内部继电器地址、信息显示地址、数据表地址等。PMC 软件版本不同，各地址范围有一定差异，如表 2.2.2 所示。

4. 常用 I/O 单元模块

FANUC 0i 系统常用 I/O 单元模块如表 2.2.4 所示。

表 2.2.4　FANUC 0i 系统常用 I/O 单元模块

装置名称	说　明	实 物 外 形	手摇式脉冲发生器连接
机床操作面板	带有矩阵开关和 LED 的 I/O 单元模块（96 点输入/64 点输出）		有
操作盘 I/O 模块	带有机床操作盘接口装置（48 点输入/32 点输出）		有
分线盘 I/O 单元模块	分散型 I/O 模块，能适应强电电路中 I/O 信号的任意组合要求，最多可扩展 3 块（96 点输入/64 点输出）		有
I/O Link 轴放大器	通过 PMC 外部信号控制伺服电机定位（128 点输入/128 点输出）		无
0i 用 I/O 单元模块	机床外置 I/O 单元模块（96 点输入/64 点输出）		有

5. CNC 与 I/O 模块的连接（组、基座、插槽）

FANUC 0i 系统以 I/O Link 串行总线方式通过 I/O 模块与系统通信，在 I/O Link 串行总线中，CNC 为主控端，而 I/O 模块是从控端。

（1）组号。

多个 I/O 模块根据需要进行分组，离 CNC 最近的组为 0 组，依次类推，最多可以连接 16 个组（0 ~ 15 组）。

（2）基座号。

每组最多可以连接 2 个 I/O 基本单元，第一基本单元基座号为 0，第二基本单元基座号为 1。

（3）插槽号。

I/O 模块在 I/O 基本单元上安装的位置用插槽号表示，各 I/O 模块在 I/O 基本单元中从左向右指定插槽号为 1、2、3、…每一个 I/O 基本单元最多可以连接 1 个 I/O 模块。

（4）I/O 模块名称。

每一个 I/O 模块都有具体的名称。FANUC 公司推出多种规格的 I/O 模块，表 2.2.4 仅为常用的 I/O 模块，I/O 模块对应具体的输入/输出点数和功能。例如，0i 系列 I/O 模块（96 点输入/64 点输出）中，输入模块名为 OC02I，表示 16 字节的输入模块；输出模块名为 OC02O，表示 16 字节的输出模块。定义输入/输出地址时需要用到模块名称，具体请参考 PMC 梯形图编程手册（B-64393CM）。

CNC 与 I/O 模块连接示意图如图 2.2.5 所示。

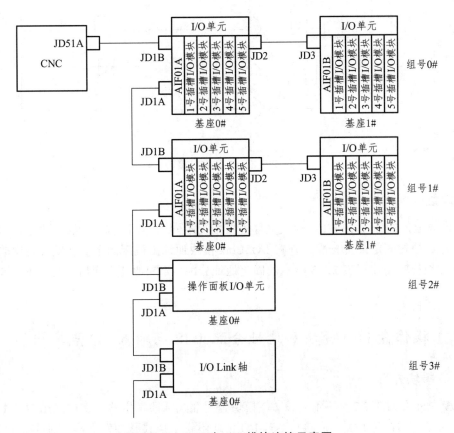

图 2.2.5　CNC 与 I/O 模块连接示意图

6. I/O 模块输入/输出连接

因 I/O 模块不同，I/O 模块输入/输出接口略有不同，输入接口有漏极型和有源型两种。常见输入接口如图 2.2.6 所示，常见输出接口如图 2.2.7 所示。

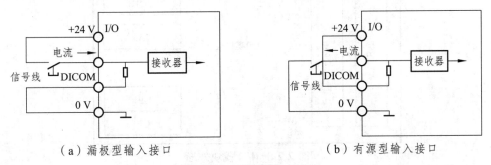

（a）漏极型输入接口　　　　　　　　　　（b）有源型输入接口

图 2.2.6　常见输入接口

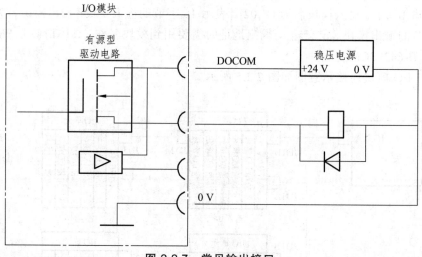

图 2.2.7 常见输出接口

7. 地址分配

I/O 模块地址的分配根据 I/O 模块具体连接情况不同而不同。内置 I/O 模块地址和硬件连接由 FANUC 公司固定设置分配，外置 I/O Link 模块地址由机床制造商在编程时用软件灵活设定，分配地址时要注意表 2.2.3 所示的固定地址分配，分配地址完成后需写入 FLASH ROM 中保存。

（三）操作盘 I/O 模块和地址分配（48 点输入/32 点输出）

1. I/O 模块外形

I/O 模块外形如图 2.2.8 所示，该 I/O 模块带手摇式脉冲发生器，手摇式脉冲发生器接至 JA3。JD1A 和 JD1B 是 I/O Link 接口。若 I/O 模块不带手摇式脉冲发生器，则没有 JA3 接口。CE56 和 CE57 是输入/输出接口。CP1 是直流 24 V 电源接口。

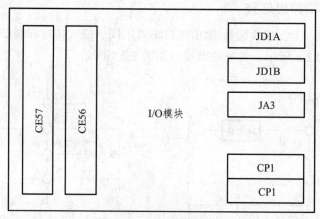

图 2.2.8 I/O 模块外形

2. 物理输入/输出地址

I/O 模块上的输入/输出接口 CE56 和 CE57 的物理地址分配如表 2.2.5 所示，输入/输出接口与图 2.2.6 和图 2.2.7 一样。

表 2.2.5 中的 m 和 n 是机床制造商根据 I/O Link 连接情况用软件设置的。表 2.2.5 和图 2.2.6 中的 DICOM 由用户根据输入传感器情况选择是漏极型输入（高电平有效）还是有源型输入（低电平有效）。一般 DICOM 与 0 V 短接，确保输入都是高电平有效。DOCOM 端为输出信号电源公共端，接外部提供给 I/O 模块的直流 24 V。

表 2.2.5 CE56 接口和 CE57 接口物理地址分配

编 号	CE56 接口		CE57 接口	
	A	B	A	B
1	0 V	+ 24 V	0 V	+ 24 V
2	Xm + 0.0	Xm + 0.1	Xm + 3.0	Xm + 3.1
3	Xm + 0.2	Xm + 0.3	Xm + 3.2	Xm + 3.3
4	Xm + 0.4	Xm + 0.5	Xm + 3.4	Xm + 3.5
5	Xm + 0.6	Xm + 0.7	Xm + 3.6	Xm + 3.7
6	Xm + 1.0	Xm + 1.1	Xm + 4.0	Xm + 4.1
7	Xm + 1.2	Xm + 1.3	Xm + 4.2	Xm + 4.3
8	Xm + 1.4	Xm + 1.5	Xm + 4.4	Xm + 4.5
9	Xm + 1.6	Xm + 1.7	Xm + 4.6	Xm + 4.7
10	Xm + 2.0	Xm + 2.1	Xm + 5.0	Xm + 5.1
11	Xm + 2.2	Xm + 2.3	Xm + 5.2	Xm + 5.3
12	Xm + 2.4	Xm + 2.5	Xm + 5.4	Xm + 5.5
13	Xm + 2.6	Xm + 2.7	Xm + 5.6	Xm + 5.7
14	DICOM			DICOM
15				
16	Yn + 0.0	Yn + 0.1	Yn + 2.0	Yn + 2.1
17	Yn + 0.2	Yn + 0.3	Yn + 2.2	Yn + 2.3
18	Yn + 0.4	Yn + 0.5	Yn + 2.4	Yn + 2.5
19	Yn + 0.6	Yn + 0.7	Yn + 2.6	Yn + 2.7
20	Yn + 1.0	Yn + 1.1	Yn + 3.0	Yn + 3.1
21	Yn + 1.2	Yn + 1.3	Yn + 3.2	Yn + 3.3
22	Yn + 1.4	Yn + 1.5	Yn + 3.4	Yn + 3.5
23	Yn + 1.6	Yn + 1.7	Yn + 3.6	Yn + 3.7
24	DOCOM	DOCOM	DOCOM	DOCOM
25	DOCOM	DOCOM	DOCOM	DOCOM

3. CNC 与 I/O 模块的连接

CNC 与 I/O 模块连接示意图如图 2.2.9 所示。

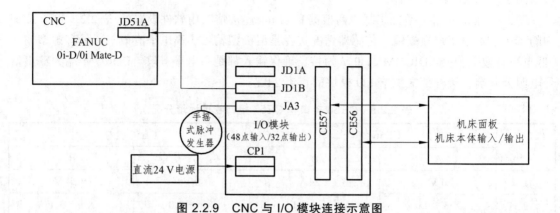

图 2.2.9　CNC 与 I/O 模块连接示意图

4. I/O 模块地址分配设定

（1）多按几次 [SYSTEM] 键，依次单击【 + 】、【PMCCNF】、【 + 】、【模块】、【操作】、【编辑】，进入 I/O 模块设置页面。

（2）移动光标（光标变成黄色），放在定义的 X 初始地址位置，如 X4 位置处。

（3）输入 0、0、1、OC2I，按 [INPUT] 键，输入地址就分配完了，出现如图 2.2.10 所示的页面。

（4）按 MDI 面板上 [→] 键，黄色光标出现在 Y 地址组，上下移动光标，放在定义的 Y 初始地址位置处。

（5）输入 0、0、1、/4，按 [INPUT] 键，输出地址就分配完了，出现如图 2.2.11 所示的页面。

（6）设定完成后，进入 I/O 模块设置页，将以上设置保存到 FLASH ROM 中。

（7）多按几次 [SYSTEM] 键，然后单击【 + 】、【PMCMNT】、【I/O】，再按 [→] 键，单击【F-ROM】，再按 [↓] 键，单击【写】、【操作】、【执行】，然后关机再开机，地址分配将会生效。

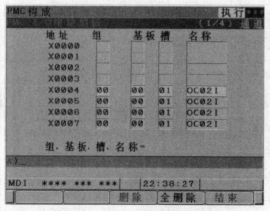

图 2.2.10　输入地址分配页面

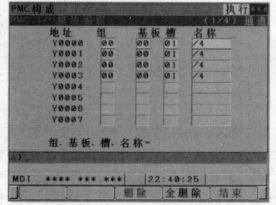

图 2.2.11　输出地址分配页面

从图 2.2.10 和图 2.2.11 可以看出，输入起始地址是 X4，即 $m = 4$，输出起始地址是 Y0，即 $n = 0$。根据表 2.2.5 可知，相应的 CE56 的 A8 管脚地址为 X5.4，A20 管脚地址为 Y1.0。

（四）0i 专用 I/O 模块和地址分配（96 点输入/64 点输出）

1. I/O 模块外形

0i 专用 I/O 模块外形如图 2.2.12 所示。该 I/O 模块带手摇式脉冲发生器，手摇式脉冲发生器接至 JA3。此模块是 96 点输入、64 点输出，JD1A、JD1B、JA3 接口功能与其他 I/O 模块是一样的，此 I/O 模块的输入/输出接口为 CB104 ~ CB107。CP1 为直流 24 V 电源接口。

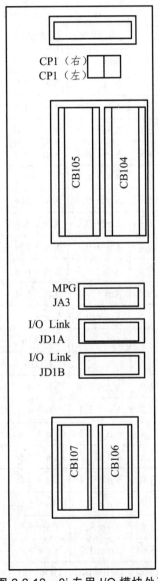

图 2.2.12　0i 专用 I/O 模块外形

2. 物理输入/输出地址

I/O 模块上的输入/输出接口 CB104 ~ CB107 的物理地址分配如表 2.2.6 所示，输入/输出接口与图 2.2.6 和图 2.2.7 一样。

表 2.2.6 中的 m 和 n 是机床制造商根据 I/O Link 连接情况用软件设置的。表 2.2.6 和图 2.2.6 中的 DICOM 由用户根据输入传感器情况选择是漏极型输入（高电平有效）还是有源型输入（低电平有效）。一般 DICOM 与 0 V 短接，确保输入都是高电平有效。DOCOM 端为输出信号电源公共端，接外部提供给 I/O 模块的直流 24 V。

表 2.2.6　0i 专用 I/O 模块中的 CB104 ~ CB107 接口物理地址分配

编号	CB104 接口		CB105 接口		CB106 接口		CB107 接口	
	A	B	A	B	A	B	A	B
1	0 V	+ 24 V	0 V	+ 24 V	0 V	+ 24 V	0 V	+ 24 V
2	Xm + 0.0	Xm + 0.1	Xm + 3.0	Xm + 3.1	Xm + 4.0	Xm + 4.1	Xm + 7.0	Xm + 7.1
3	Xm + 0.2	Xm + 0.3	Xm + 3.2	Xm + 3.3	Xm + 4.2	Xm + 4.3	Xm + 7.2	Xm + 7.3
4	Xm + 0.4	Xm + 0.5	Xm + 3.4	Xm + 3.5	Xm + 4.4	Xm + 4.5	Xm + 7.4	Xm + 7.5
5	Xm + 0.6	Xm + 0.7	Xm + 3.6	Xm + 3.7	Xm + 4.6	Xm + 4.7	Xm + 7.6	Xm + 7.7
6	Xm + 1.0	Xm + 1.1	Xm + 8.0	Xm + 8.1	Xm + 5.0	Xm + 5.1	Xm + 10.0	Xm + 10.1
7	Xm + 1.2	Xm + 1.3	Xm + 8.2	Xm + 8.3	Xm + 5.2	Xm + 5.3	Xm + 10.2	Xm + 1.3
8	Xm + 1.4	Xm + 1.5	Xm + 8.4	Xm + 8.5	Xm + 5.4	Xm + 5.5	Xm + 10.4	Xm + 10.5
9	Xm + 1.6	Xm + 1.7	Xm + 8.6	Xm + 8.7	Xm + 5.6	Xm + 5.7	Xm + 10.6	Xm + 10.7
10	Xm + 2.0	Xm + 2.1	Xm + 9.0	Xm + 9.1	Xm + 6.0	Xm + 6.1	Xm + 11.0	Xm + 11.1
11	Xm + 2.2	Xm + 2.3	Xm + 9.2	Xm + 9.3	Xm + 6.2	Xm + 6.3	Xm + 11.2	Xm + 11.3
12	Xm + 2.4	Xm + 2.5	Xm + 9.4	Xm + 9.5	Xm + 6.4	Xm + 6.5	Xm + 11.4	Xm + 11.5
13	Xm + 2.6	Xm + 2.7	Xm + 9.6	Xm + 9.7	Xm + 6.6	Xm + 6.7	Xm + 11.6	Xm + 11.7
14					COM4			
15					HDI0			
16	Yn + 0.0	Yn + 0.1	Yn + 2.0	Yn + 2.1	Yn + 4.0	Yn + 4.1	Yn + 6.0	Yn + 6.1
17	Yn + 0.2	Yn + 0.3	Yn + 2.2	Yn + 2.3	Yn + 4.2	Yn + 4.3	Yn + 6.2	Yn + 6.3
18	Yn + 0.4	Yn + 0.5	Yn + 2.4	Yn + 2.5	Yn + 4.4	Yn + 4.5	Yn + 6.4	Yn + 6.5
19	Yn + 0.6	Yn + 0.7	Yn + 2.6	Yn + 2.7	Yn + 4.6	Yn + 4.7	Yn + 6.6	Yn + 6.7
20	Yn + 1.0	Yn + 1.1	Yn + 3.0	Yn + 3.1	Yn + 5.0	Yn + 5.1	Yn + 7.0	Yn + 7.1
21	Yn + 1.2	Yn + 1.3	Yn + 3.2	Yn + 3.3	Yn + 5.2	Yn + 5.3	Yn + 7.2	Yn + 7.3
22	Yn + 1.4	Yn + 1.5	Yn + 3.4	Yn + 3.5	Yn + 5.4	Yn + 5.5	Yn + 7.4	Yn + 7.5
23	Yn + 1.6	Yn + 1.7	Yn + 3.6	Yn + 3.7	Yn + 5.6	Yn + 5.7	Yn + 7.6	Yn + 7.7
24	DOCOM	DOCOM	DOCOM	DOCOM	DOCOM	DOCOM	DOCOM	DOCOM
25	DOCOM	DOCOM	DOCOM	DOCOM	DOCOM	DOCOM	DOCOM	DOCOM

3. CNC 与 0i 专用 I/O 模块的连接

CNC 与 0i 专用 I/O 模块连接示意图如图 2.2.13 所示。

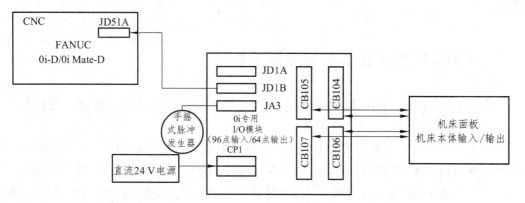

图 2.2.13　CNC 与 0i 专用 I/O 模块连接示意图

4. I/O 模块地址分配设定

（1）多按几次 键，依次单击【+】、【PMCMNT】、【+】、【模块】、【操作】、【编辑】，进入 I/O 模块设置页面。

（2）移动光标（光标变成黄色），放在定义的 X 初始地址位置，如 X0004 位置处。

（3）输入 0、0、1、OC02I，按 键，输入地址就分配完了。

（4）按 MDI 面板上 键，黄色光标出现在 Y 地址组，上下移动光标，放在定义的 Y 初始地址位置处。

（5）输入 0、0、1、CM08O，按 键，输出地址就分配完了，出现如图 2.2.14 所示的页面。

（6）设定完成后，进入 I/O 模块设置页面，将以上设置保存到 FLASH ROM 中。

（7）多按几次 键，然后单击【+】、【PMCMNT】、【I/O】，再按 键，单击【F-ROM】，再按 键，单击【写】、【操作】、【执行】，然后关机再开机，地址分配将会生效。

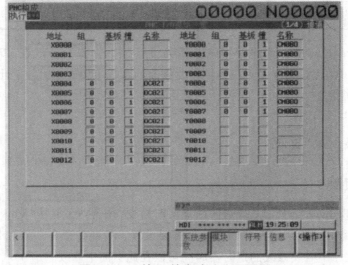

图 2.2.14　输入/输出地址分配页面

从图 2.2.14 可以看出，输入起始地址是 X4，即 m = 4，输出起始地址是 Y0，即 n = 0。根据表 2.2.6 可知，相应的 CB104 的 A8 管脚地址为 X5.4，CB105 的 A8 管脚地址为 X12.4。

二、PMC 信号状态诊断与参数维护

（一）FANUC 数控系统 PMC 提供的信号状态和参数维护种类

在 PLC 项目当中，若比较熟悉逻辑关系，基本不需要分析 PLC 程序，只要监控相关的输入/输出状态以及相关的中间变量即可，FANUC 数控系统 PMC 的逻辑处理维护思路与此类似。FANUC 数控系统 PMC 也提供了信号地址状态用于维护，当不太熟悉 PMC 逻辑控制时，还是需要分析 PMC 梯形图进行维护。

FANUC 数控系统 PMC 功能的信号状态提供了所有的地址状态监控功能，PMC 监控地址信号地址符含义如表 2.2.7 所示。除单独提供监控地址信号外，PMC 还提供 I/O 诊断页面，输入需要监控的地址信号，就能直接监控地址信号的通断关系。

表 2.2.7　PMC 地址监控信号地址符含义

地址符	含　　义	地址符	含　　义
A	信号状态显示位	T	定时器地址
X	来自机床侧输入地址	C	计数器地址
Y	输出至机床侧输出地址	K	保持继电器地址
G	由 PMC 输出到 CNC 的地址	D	数据表地址
F	由 CNC 输出到 PMC 的地址	E	外部继电器地址
R	内部继电器地址		

0i-D 系统中，把 PMC 程序使用的非易失性参数数据都统一放在 PMC 的维护菜单【PMCMNT】下。在 PMC 程序中用户维护需要修改的参数主要有定时器、计数器、保持继电器、数据表数据等。

（二）参数维护页面

1. 定时器页面

定时器页面如图 2.2.15 所示，设置时注意定时精度，一般 1 ~ 8 为 48 ms，9 ~ 40 为 8 ms。但是，在 0i-D 系统中，定时器精度可以根据需要设置，精度类型有 1 ms、10 ms、100 ms、1 s、1 min 等。程序中需要修改的定时器时间可以在此页面中修改。

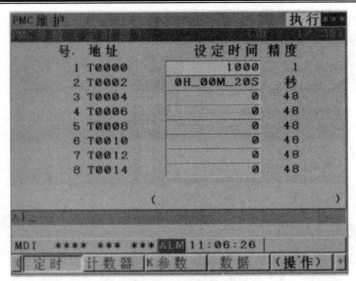

图 2.2.15 定时器页面

2. 计数器页面

计数器页面如图 2.2.16 所示,设置时注意页面提示的设定值和现在值参数,最大设置 32767。程序中需要修改的计数器的值可以在此菜单中修改。

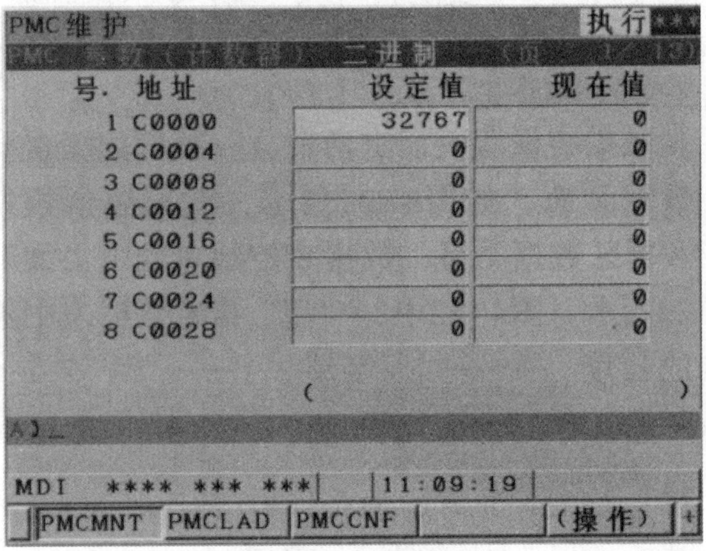

图 2.2.16 计数器页面

3. 保持继电器

保持继电器页面如图 2.2.17 所示,设置时,用户可以自行定义页面中的 K0 ~ K99 (0i Mate-D 系统为 K0 ~ K19),K900 ~ K999 具有特殊含义,用户不要随意使用。程序中需要修改的保持继电器的内容可以在此页面中修改。

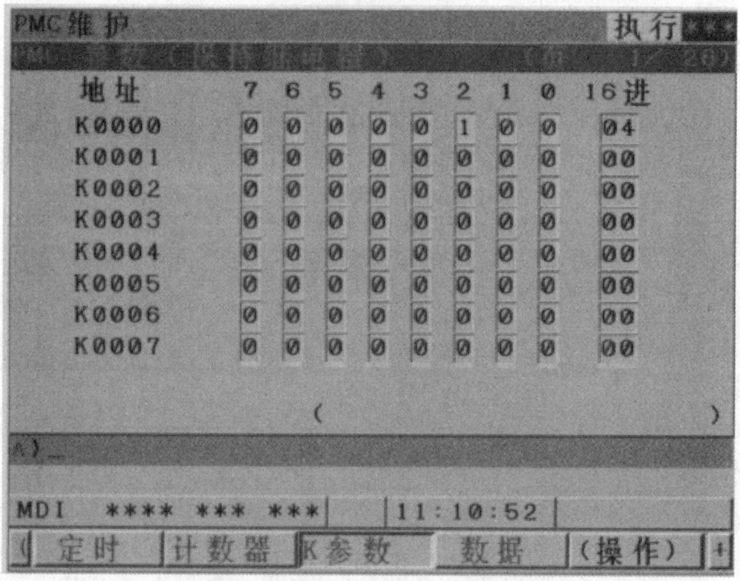

（a）保持继电器用户使用地址

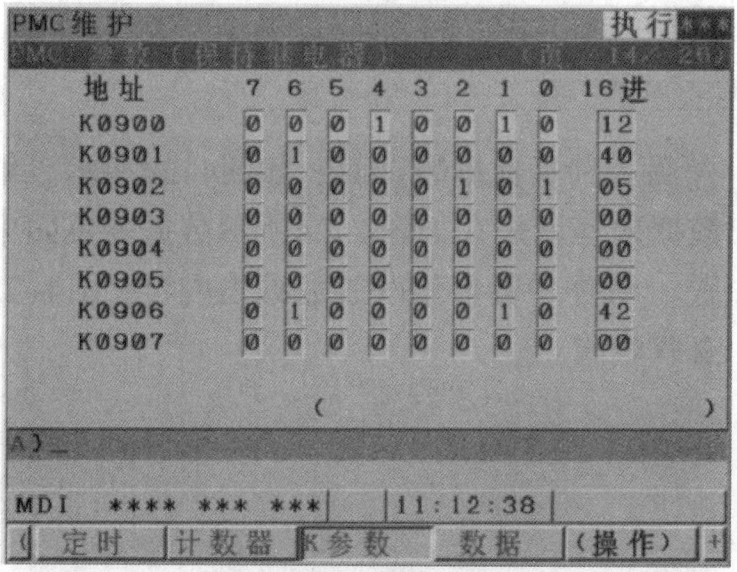

（b）保持继电器系统使用地址

图 2.2.17　保持继电器页面

4. 数据表

数据表设置页面有两种，一种是数据表控制数据页面，如图 2.2.18 所示，此页面参数规定数据区数据类型，数据表控制参数定义如图 2.2.19 所示。在图 2.2.18 中，"型"指定数据表中数据的长度，0 表示一字节；1 表示两字节；2 表示四字节；3 表示位。"数据"指定数据表中的数据数量。

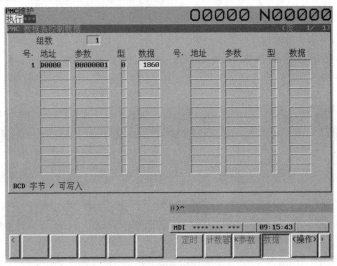

图 2.2.18 数据表控制数据页面

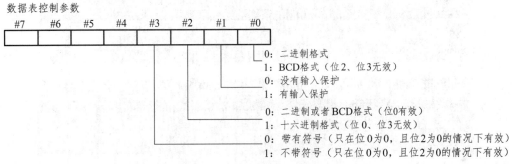

图 2.2.19 数据表控制参数定义

另一种是数据表页面，如图 2.2.20 所示。维护数据内容就是在如图 2.2.20 所示的数据表页面中设置。程序中需要修改的数据表内容在图 2.2.20 中查找修改。

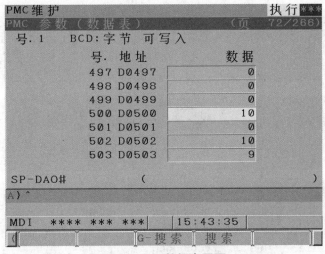

图 2.2.20 数据表页面

（三）信号诊断页面

信号地址符都有信号诊断页面，图 2.2.21 为 A、X、Y、D、K、T、C、E 等的信号诊断页面。

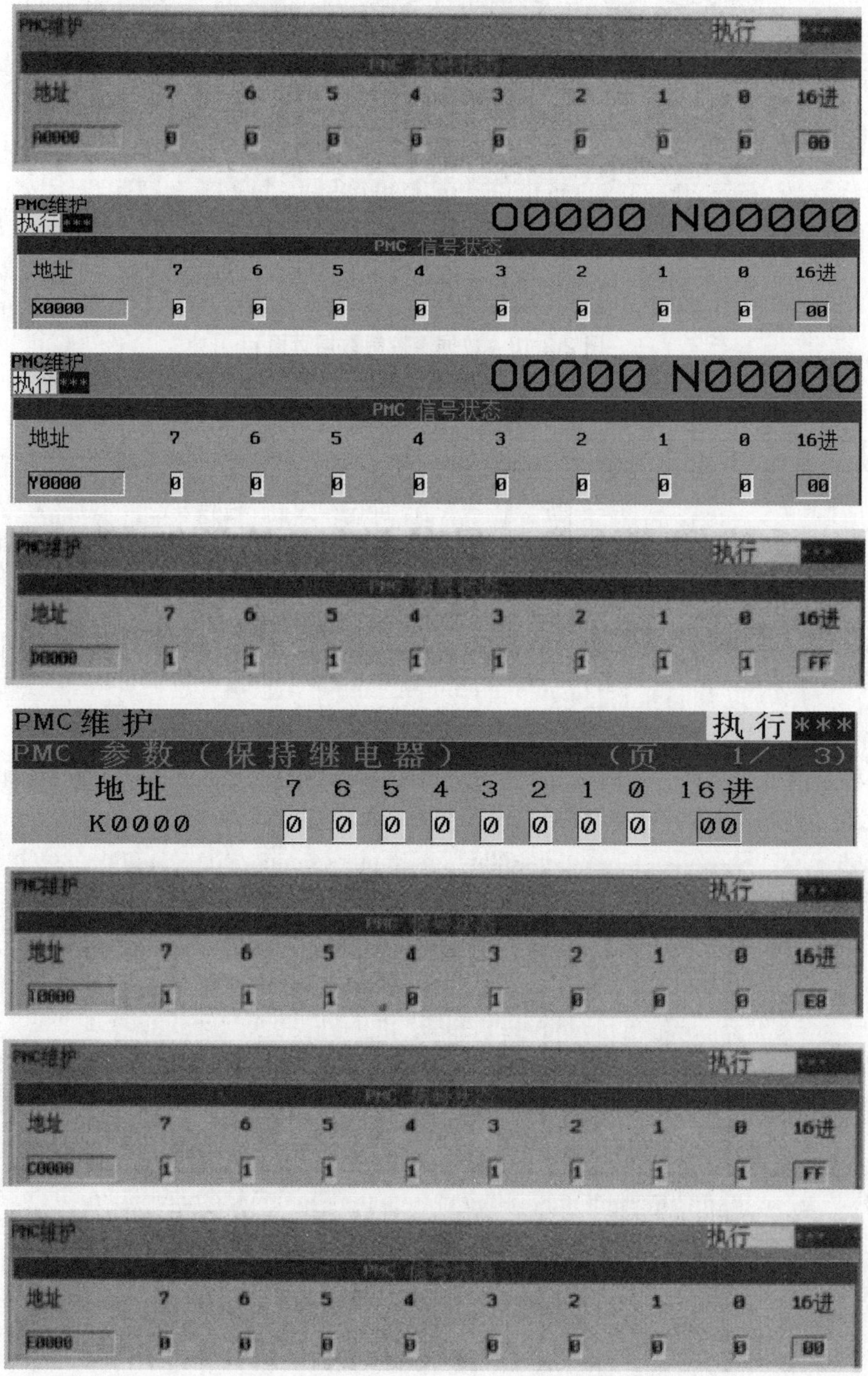
PMC维护
执行
地址 7 6 5 4 3 2 1 0 16进
A0000 0 0 0 0 0 0 0 0 00
PMC维护
执行
O0000 N00000
PMC 信号状态
地址 7 6 5 4 3 2 1 0 16进
X0000 0 0 0 0 0 0 0 0 00
PMC维护
执行
O0000 N00000
PMC 信号状态
地址 7 6 5 4 3 2 1 0 16进
Y0000 0 0 0 0 0 0 0 0 00
PMC维护
执行
地址 7 6 5 4 3 2 1 0 16进
D0000 1 1 1 1 1 1 1 1 FF
PMC 维 护
执 行 ***
PMC 参 数（保 持 继 电 器）（页 1/ 3）
地 址 7 6 5 4 3 2 1 0 16 进
K0000 0 0 0 0 0 0 0 0 00
PMC维护
执行
地址 7 6 5 4 3 2 1 0 16进
T0000 1 1 1 0 1 0 0 0 E8
PMC维护
执行
地址 7 6 5 4 3 2 1 0 16进
C0000 1 1 1 1 1 1 1 1 FF
PMC维护
执行
地址 7 6 5 4 3 2 1 0 16进
E0000 0 0 0 0 0 0 0 0 00

图 2.2.21 A、X、Y、D、K、T、C、E 等的信号诊断页面

若在【PMCMNT】菜单下进行相关操作，则还有如图 2.2.22 所示的页面。在此页面中，可以直接根据需要输入监控地址信号，从中可以很直观地看到监控地址信号的通断状态。

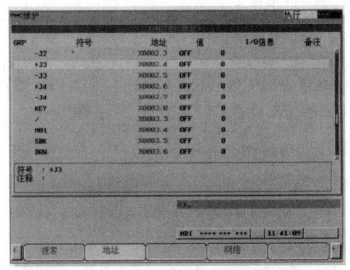

图 2.2.22　PMC 维护的 I/O 诊断（地址）页面

三、PMC 数据备份与恢复

1. PMC 数据的种类

PMC 数据只有两种，一种是 PMC 程序，另一种是 PMC 参数。PMC 程序存放在 FLASH ROM 中，而 PMC 参数存放在 SRAM 中。PMC 参数主要包括定时器、计数器、保持继电器、数据表等非易失性数据，数据由系统电池保存。

2. PMC 数据备份与恢复的通信接口

PMC 数据备份与恢复的通信接口主要有：
（1）内嵌式以太网接口。
（2）快速以太网板接口。
（3）PCMCIA 卡接口。
（4）RS-232C 接口。

FANUC 0i-D 数控系统标准配置内嵌式以太网接口，而 FANUC 0i Mate-D 数控系统只可以选用 PCMCIA 以太网卡，由该卡转换成以太网接口，使用时把 PCMCIA 以太网卡插入 PCMCIA 卡接口。PCMCIA 卡接口可以提供以太网功能，可传输系统参数、梯形图、PMC 参数等，也可以在线进行基于 FANUC LADDER-Ⅲ 及 SERVO GUIDE 的调整等。

3. PMC 数据备份与恢复有关的外设工具和软件

PMC 备份与恢复的具体数据不同，使用的外设工具和软件也不同。利用存储卡可以备份和恢复梯形图 PMC 程序和 PMC 参数。利用 FANUC 公司的 FANUC LADDER-Ⅲ软件可以备份和恢复系统中的 PMC 程序和参数。利用该软件可以选择 RS-232C 接口或以太网接口进行通信，也可以在线监控 PMC 程序。

4. PMC 数据备份与恢复参数设置

PMC 数据备份和恢复根据通信的外部接口不同，设置参数也不同，PMC 数据输入/输出参数设置页面如图 2.2.23（a）所示。在图 2.2.23（a）中，可以把 PMC 程序从当前 RAM 中备份到系统存储卡中，也可以从系统存储卡中恢复到当前 RAM 中。

若通过内嵌式以太网接口或 PCMCIA 卡接口进行数据输入/输出，CNC 系统中以太网通信参数设置页面如图 2.2.23（b）所示。

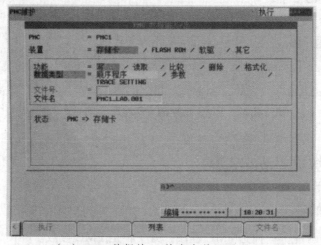

（a）PMC 数据输入/输出参数设置页面

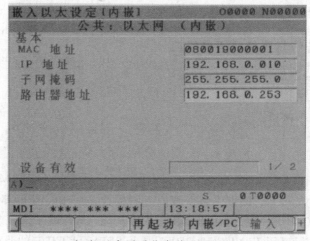

（b）以太网通信参数设置页面

图 2.2.23　PMC 数据通信参数设置页面

利用 FANUC 公司的 FANUC LADDER-Ⅲ软件 V5.7 版可以选择 RS-232C 接口或以太网接口在线监控 PMC 程序。

四、典型 PMC 程序功能

（一）PMC、CNC、机床之间的关系

如图 2.2.24 所示，典型的 CNC 系统含有 CNC 装置和 I/O 模块。CNC 装置完成进给插补、主轴控制和监控管理等，而 I/O 模块主要进行 PLC 逻辑处理。FANUC 数控系统含有 CNC 控制器和 PLC，但 FANUC 公司把 PLC 称为 PMC，其主要原因是通常的 PLC 主要用于一般的自动化设备，具有输入、与、或、输出、定时、计数等功能，但是缺少针对机床的便于机床控制编程的功能指令，如快捷找刀、用于机床的译码指令等；而 FANUC 数控系统中的 PLC 除具有一般 PLC 逻辑功能外，还专门设计了便于用户使用的针对机床控制的功能指令，故 FANUC 数控系统中的 PLC 称为 PMC（可编程机床控制器）。

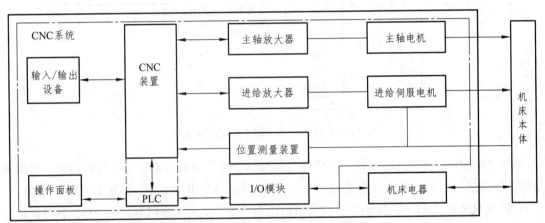

图 2.2.24 数控机床的组成框图

由图 2.2.24 各地址类型相互关系可以看出，以 PMC 为控制核心，输入到 PMC 的信号有 X 地址信号和 F 地址信号；从 PMC 输出的信号有 Y 地址信号和 G 地址信号。PMC 本身还有内部继电器 R 地址信号、计数器 C 地址信号、定时器 T 地址信号、保持继电器 K 地址信号、数据表 D 地址信号以及信息显示地址信号等。要维护好 FANUC 数控系统必须了解系统中 PMC 所起的重要作用，PMC 与 CNC 和机床之间的关系如图 2.2.25 所示。

从图 2.2.25 中可以看出：

（1）CNC 是数控系统的核心，机床上的 I/O 要与 CNC 交换信息，要通过 PMC 才能完成信号处理，PMC 起着机床与 CNC 之间桥梁的作用。

（2）机床本体上的信号进入 PMC，输入信号为 X 地址信号，输出到机床本体的信号为 Y 地址信号，因内置 PMC 和外置 PMC 不同，地址的编排和范围也有所不同。机床本体上输入/输出地址分配和信号含义原则上由机床厂家确定。

（4）根据机床动作要求编制 PMC 程序，由 PMC 送给 CNC 的信号为 G 地址信号，CNC 处理结果产生的标志为 F 地址信号，直接用于 PMC 逻辑编程，各具体信号含义可以参考 FANUC 系统连接说明书（功能篇）B-64303CM-1/01。G 地址信号和 F 地址信号含义由 FANUC 公司指定。

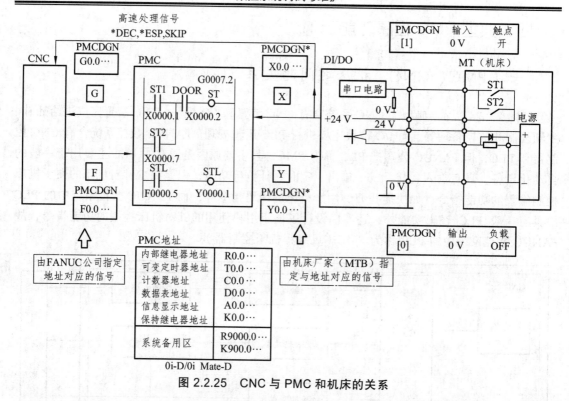

图 2.2.25　CNC 与 PMC 和机床的关系

（5）PMC 本身还有内部地址（内部继电器地址、可变定时器地址、计数器地址、数据表地址、信息显示地址、保持继电器地址等），在需要时也可以把 PMC 作为普通 PLC 使用。

（6）机床本体上的一些开关量通过接口电路进入系统，大部分信号进入 PMC 参与逻辑处理，处理结果送给 CNC（G 地址信号）；还有一部分高速处理信号，如*DEC（减速）、*ESP（急停）、SKIP（跳转）等直接进入 CNC，由 CNC 来处理相关功能。CNC 输出控制信号为 F 地址信号，该信号根据需要参与 PMC 编程。

理解图 2.2.25 对掌握 FANUC 数控系统应用和维修方法很重要。要维修与 I/O 逻辑有关的故障，首先要理解控制对象（机床）的动作要求，列出与故障有关的机床本体输入/输出信号（X 地址信号和 Y 地址信号），以及各个信号的作用和电平要求。

其次要了解 PMC 和 CNC 之间 G 地址信号和 F 地址信号的时序和逻辑要求，根据机床动作要求，分清哪些信号需要进入 CNC（G 地址信号），哪些信号从 CNC 输出（F 地址信号），哪些信号需要参与编制逻辑程序。

最后在理解机床动作的基础上，了解 PMC 编程指令，熟练操作 PMC 有关页面进行诊断分析。

（二）PMC 内部地址（R、T、C、K、D 和 A 地址）

从表 2.2.2FANUC 0i-D 数控系统 PMC 地址类型、地址含义、地址范围可以看出，不同的系统配置的 PMC 软件版本不同，PMC 的地址范围也不同，但是 FANUC 数控系统 PMC 地址含义是一样的。下面以 0i-D 数控系统的 PMC 和 PMC/L 为例进行介绍。

1. 内部继电器（R 地址）

内部继电器在上电时被清零，用于 PMC 临时存取数据。0i-D PMC R 地址范围如表 2.2.8 所示。R9000 ~ R9499 为系统管理继电器，有特殊含义。

表 2.2.8　0i-D PMC R 地址范围

类　型	地址范围	#7	#6	#5	#4	#3	#2	#1	#0
用户地址	R0 ~ R7999	用于 PMC 临时存储数据							
系统管理	R9000 ~ R9499	PMC 程序系统保留区域							

2. 信息显示请求信号（A 地址）

信息显示请求信号为 1 时，对应的信息内容被显示。上电时，信息显示请求信号为 0。信息显示请求字节数为 250（A0 ~ 249），信息显示个数为 2 000（250 × 8 = 2 000）。

3. 定时器（T 地址）

定时器用于 TMR 功能指令设置时间，是非易失性存储区，0i-D PMC T 地址范围如表 2.2.9 所示。T0 ~ T499 共 500 字节，每 2 个字节存放 1 个定时器的定时设置值，定时器号为 1 ~ 250。系统默认 1 ~ 8 号定时器精度为 48 ms，9 ~ 250 号定时器精度为 8 ms。定时器数据设置页面如图 2.2.15 所示。T9000 ~ T9499 为可变定时器精度设定区域，分别对应 1 ~ 250 号可变定时器。

表 2.2.9　0i-D PMC T 地址范围

类　型	地址范围	#7	#6	#5	#4	#3	#2	#1	#0	定时器号
可变定时器	T0	定时设置值								1
	T1									
	⋮									⋮
	T498									250
	T499									
可变定时器精度	T9000	精度设置值：0 为默认 8 ms/48 ms；1 为 1 ms；2 为 10 ms；3 为 100 ms；4 为 1 s；5 为 1 min								分别对应 1 ~ 250 号可变定时器
	⋮									
	T9499									

4. 计数器（C 地址）

计数器用于 CTR 指令和 CRTB 指令计数功能，是非易失性存储区，0i-D PMC C 地址范围如表 2.2.10 所示。可变计数器地址范围为 C0 ~ C399，共 400 字节，可变计数器个数为 100；每 4 个字节存放 1 个计数器的数值，2 个字节存放计数预置值，2 个字节存放计数当前值。计数器数据设置页面如图 2.2.16 所示。C5000 ~ C5199 为固定计数器区域，每 2 个字节存放 1 个计数器的数值。固定计数器共 100 个。

表 2.2.10　0i-D PMC C 地址范围

类　型	地址范围	#7	#6	#5	#4	#3	#2	#1	#0	计数器号
可变计数器	C0				计数预置值					1
	C1									
	C2				计数当前值					
	C3									
	⋮				⋮					⋮
	C396				计数预置值					100
	C397									
	C398				计数当前值					
	C399									
固定计数器	C5000									1 ~ 100
	⋮									
	C5199									

5. 保持继电器（K 地址）

保持继电器用于用户断电时保持地址和 PMC 软件功能参数设置，每一位都有特殊含义。保持继电器是非易失性存储区，0i-D PMC K 地址范围如表 2.2.11 所示。用户地址范围为 K0 ~ K99，共 100 字节，保持继电器设置页面如图 2.2.17 所示。K900 ~ K999 用于 PMC 软件功能参数设置。

表 2.2.11　0i-D PMC K 地址范围

类　型	地址范围	#7	#6	#5	#4	#3	#2	#1	#0
用户保持继电器	K0 ~ K99								
系统保持继电器	⋮								
	K900 ~ K999	用于 PMC 软件功能参数设置							

6. 数据表（D 地址）

PMC 程序有时需要一定量的区域存放数据，数据表就是用来存放数据的区域。数据表包括控制数据表和多个存取数据表。控制数据表控制存取数据，用于确定数据表数据格式（二进制码、BCD 码）和存取数据表大小。

控制数据表的参数必须在存取数据表存取数据前设定。数据表地址也是非易失性存储区，除控制数据表地址外，0i-D PMC 中存取数据表地址共有 10 000 字节（D0 ~ D9999），0i-D PMC 数据表地址范围如表 2.2.12 所示。

表 2.2.12 0i-D PMC 数据表地址范围

类 型	地址范围	#7	#6	#5	#4	#3	#2	#1	#0
控制数据表地址									
存取数据表地址	D0 ~ D9999								

（三）输入/输出地址（X 地址和 Y 地址）

由于系统和配置的 PMC 软件版本不同，I/O 模块地址范围不同，前面已有介绍。以 0i-D 数控系统为例，I/O 模块都是外置的，对典型数控机床来讲，输入/输出信号主要有以下 3 方面内容。

1. 数控机床操作面板开关输入和状态指示（X 地址信号和 Y 地址信号）

数控机床操作面板不管是选用 FANUC 标准操作面板还是选用用户自行设计的操作面板，其主要功能和内容都差不多。数控机床操作面板一般包括以下内容：

（1）操作方式开关和状态灯（自动、手动、手轮、返回参考点、编辑、DNC、MDI 等）。

（2）编程检测键和状态灯（单段、空运行、轴禁止、选择性跳跃等）。

（3）手动主轴正转、反转、停止和状态灯以及主轴倍率开关。

（4）手动进给轴方向及快进键。

（5）冷却控制开关和状态灯。

（6）手轮轴选择和手轮倍率（×1、×10、×100）。

（7）手动和自动进给倍率。

（8）急停按钮。

（9）其他开关。

2. 数控机床本体输入信号（X 地址信号）

数控机床本体输入信号一般有进给轴减速开关信号、超程开关信号、机床功能部件上的开关信号等。

3. 数控机床本体输出信号（Y 地址信号）

数控机床本体输出信号一般有冷却泵控制信号、润滑泵控制信号、主轴正转/反转（模拟主轴）控制信号、机床功能部件上执行负载控制信号等。

在分配 I/O 模块地址时，参考相关地址分配方法。

（四）PMC 与 CNC 间信号的地址（G 地址和 F 地址）

PMC G 和 F 地址是由 FANUC 公司规定的。需要 CNC 实现某一个逻辑功能，必须编制 PMC 程序，结果送给 G 地址，由 CNC 实现对伺服电机和主轴电机等的控制；CNC 当前运行状态需要参与 PMC 程序控制，可读取 F 地址实现。

在 FANUC 数控系统中，CNC 与 PMC 之间的接口信号随着系统型号和功能的不同而不同，但它们有一定的共性和规律。各信号也经常用符号表示，如*ESP 表示地址为 G8.4 的位符号，加"*"表示 0 有效，平时要使该信号为 1。

（五）PMC 指令

FANUC PMC 提供了两种类型的指令：基本指令和功能指令。

1. 基本指令

基本指令就是常见的与、或、与非、或非、输出、置位、复位等指令，都是基本的位逻辑指令。

2. 功能指令

在数控系统中，有些逻辑控制不太方便用基本指令实现，如旋转找刀等动作，但选用功能指令编程就方便多了。

FANUC PMC 软件版本不同，提供的功能指令数量也不同。在 I/O 逻辑维修过程中，需要分析 PMC 程序，遇到不理解的 PMC 功能指令时，可以查阅 PMC 梯形图编程手册（B-64393CM）。

（六）典型机床操作面板程序功能分析

同一种机床操作面板外形各异，但最终实现的机床基本功能是差不多的。下面以 FANUC 公司提供的标准 I/O Link 机床操作面板为例介绍操作面板主要程序，读者可以举一反三，了解操作面板编制思路；掌握操作面板功能涉及的 G 地址信号和 F 地址信号；掌握机床操作面板常见故障诊断与维修方法。

以 m = 0、n = 4 为例，即输入起始地址为 X0.0，输出起始地址为 Y4.0，则操作面板上每一个按键和状态灯的地址就确定了。

1. 机床操作方式

标准 I/O Link 机床操作面板操作方式主要有自动运行、编辑、MDI（手动数据输入）、DNC（远程加工）运行、返回参考点、JOG（手动连续进给）运行、手轮/步进进给，相应的按键地址分别为 X4.0、X4.1、X4.2、X4.3、X6.4、X6.5、X6.7。CNC 系统根据 G 地址信号的组合以及其他 G 地址信号区分目前是何种操作方式；操作方式按键上面相应的指示灯地址分别为 Y4.0、Y4.1、Y4.2、Y4.3、Y6.4、Y6.5、Y6.7。此指示灯信号分别来自于 F3.5、F3.6、F3.3、F3.4、F4.5、F3.2、F3.1。机床操作方式按键输入以及状态指示灯硬件连接如图 2.2.26 所示。

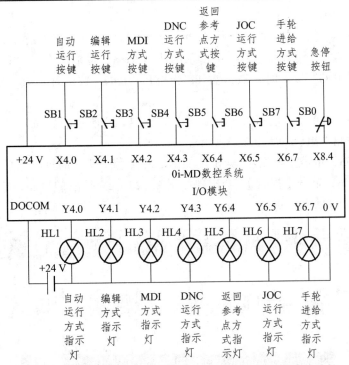

图 2.2.26 机床操作方式按键输入以及状态指示灯硬件连接

操作面板操作方式主要故障是按键不能闭合和打开，利用 PMC 提供的信号状态诊断功能，参考图 2.2.26 和表 2.2.13 所示的信号关系，就可以分析故障所在。

表 2.2.13 机床操作面板操作方式信号关系

序号	操作方式	X 输入地址	G 地址信号					CNC 输出 F 地址信号	PMC 输出 Y 地址
			ZRN G43.7	DNC1 G43.5	MD4 G43.2	MD2 G43.1	MD1 G43.0		
1	自行运动（MEM）	X4.0	0	0	0	0	1	MMEM（F3.5）	Y4.0
2	编辑（EDIT）	X4.1	0	0	0	1	1	MEDT（F3.6）	Y4.1
3	MDI（手动数据输入）	X4.2	0	0	0	0	0	MMDI（F3.3）	Y4.2
4	DNC（远程加工运行）	X4.3	0	1	0	0	1	MRMT（F3.4）	Y4.3
5	返回参考点（REF）	X6.4	1	1	1	0	1	MREF（F4.5）	Y6.4
6	JOG（手动连续进给运行）	X6.5	0	0	1	0	1	MJ（F3.2）	Y6.5
7	手轮/步进进给（HANDLE/STEP）	X6.7	0	1	1	0	0	MH（F3.1）	Y6.7

例：诊断 JOG 操作方式和状态灯。

（1）多按几次 [SYSTEM] 键，依次单击【 + 】、【PMCMNT】、【信号】、【（操作）】，出现如图 2.2.27（a）、（b）所示的菜单，输入表 2.2.13 中所示的地址 X6.5，再单击【搜索】。

（2）当按下"JOG"按键时，X6.5 置 1；当松开"JOG"按键时，X6.5 置 0，如图 2.2.27（c）、（d）所示。

（3）输入 G43，再单击【搜索】，会出现如图 2.2.27（e）所示的页面，其中 G43.0、G43.1、G43.2、G43.5、G43.7 组合如表 2.2.13 所示。

（4）再输入 F3，单击【搜索】，会出现如图 2.2.27（f）所示的页面，F3.2 置 1。

（5）再输入 Y6，单击【搜索】，会出现如图 2.2.27（g）所示的页面，Y6.5 置 1。

（6）面板上 JOG 状态灯点亮。

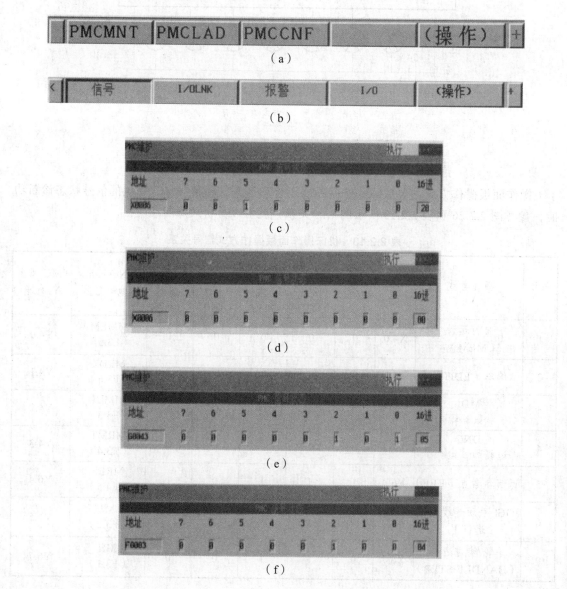

（a）

（b）

（c）

（d）

（e）

（f）

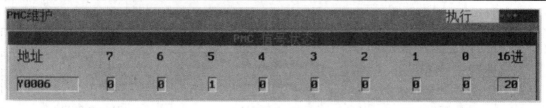

（g）

图 2.2.27　JOG 操作方式诊断信号过程页面

2. JOG 操作方式程序功能

不同操作面板的操作方法不同，所编制的 PMC 程序也不同。在标准 I/O Link 机床操作面板上，与 JOG 操作有关的按键有 X、Y、Z、4、+、－以及 JOG 方式进给速度倍率选择开关。JOG 操作方法如下：

（1）选择 JOG 操作方式。

（2）选择合适的 JOG 方式进给速度倍率。

（4）选择进给轴按键（X、Y、Z、4）。

（5）选择进给轴方向（+或－）以及快进。

CNC 系统根据 G 地址确认进给轴方向和进给轴速度倍率。G100.0~G100.3 地址信号为 X、Y、Z、4 轴正方向信号；G102.0~G102.3 地址信号为 X、Y、Z、4 轴负方向信号；G19.7 地址信号为快进信号；JOG 方式下进给轴速度倍率取决于 G10 和 G11 共 16 位二进制数的组合。

JOG 操作方式下，JOG 操作按键与 G 地址相应关系如表 2.2.14 所示。JOG 方式各进给轴运动方向与 G 地址关系如表 2.2.15 所示。

表 2.2.14　JOG 操作按键与 G 地址相应关系

序号	JOG 操作按键	X 输入地址	G 地址								G19.7	PMC 输出 Y 地址
			G100				G102					
			#3	#2	#1	#0	#3	#2	#1	#0		
1	X	X9.4			1				1			Y9.4
2	Y	X9.5		1				1				Y9.5
3	Z	X9.6	1				1					Y9.6
4	4	X10.0	1				1					Y10.0
5	+	X10.4	1	1	1	1						Y10.4
6	－	X10.6					1	1	1	1		Y10.6
7	－	X10.5									1	Y10.5

表 2.2.15　JOG 方式各进给轴运动方向与 G 地址关系

序号	进给轴	正方向 G 地址（符号）	负方向 G 地址（符号）
1	第一轴	G100.0（＋J1）	G102.0（-J1）
2	第二轴	G100.1（＋J2）	G102.1（-J2）
3	第三轴	G100.2（＋J3）	G102.2（-J3）
4	第四轴	G100.3（＋J4）	G102.3（-J4）
5	第五轴	G100.4（＋J5）	G102.4（-J5）

以 X 轴为例，JOG 操作方式下手动 X 轴运动功能硬件连接图如图 2.2.28 所示。

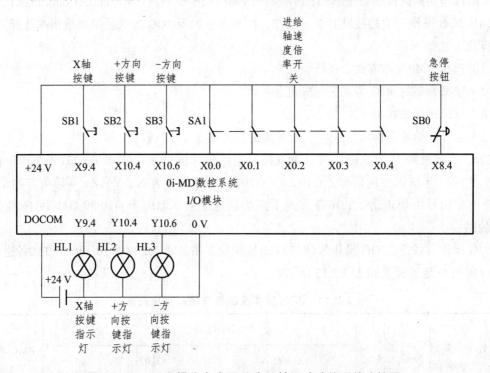

图 2.2.28　JOG 操作方式下手动 X 轴运动功能硬件连接图

手动运动除需编制手动运动轴方向信号 PMC 程序外，JOG 进给轴速度倍率 PMC 程序编制也是必不可少的。以图 2.2.28 为例，JOG 进给轴速度倍率输入信号地址为 X0.0 ~ X0.4，JOG 进给轴速度倍率由 G10 和 G11 确定，当 G10 和 G11 的各位全为 1 或全为 0 时，FANUC 数控系统就认为进给轴速度倍率为 0。G10 和 G11 的位用符号表示如表 2.2.16 所示。

表 2.2.16　G10 和 G11 的位用符号

指令	#7	#6	#5	#4	#3	#2	#1	#0
G10	*JV7	*JV6	*JV5	*JV4	*JV3	*JV2	*JV1	*JV0
G11	*JV15	*JV14	*JV13	*JV12	*JV11	*JV10	*JV9	*JV8

JOG 方式进给轴速度倍率值计算公式为

$$倍率值（\%）= 0.01\% \times \sum_{i=0}^{15} |2^i \times Vi|$$

当*JVi 为 1 时，$Vi = 0$；当*JVi 为 0 时，$Vi = 1$。

JOG 方式进给轴速度倍率输入信号与 G10 和 G11 组合之间的关系如表 2.2.17 所示。

表 2.2.17　JOG 方式进给轴速度倍率输入信号与 G10 和 G11 组合之间的关系

序号	X0.4	X0.3	X0.2	X0.1	X0.0	G11 和 G10 *JV15 ~ *JV0	倍率值/%
1	0	0	0	0	0	0000 0000 0000 0000	0
2	0	0	0	0	1	1111 1111 1001 1011	1
3	0	0	0	1	1	1111 1111 0011 0111	2
4	0	0	0	1	0	1111 1110 0110 1111	4
5	0	0	1	1	0	1111 1101 1010 0111	6
6	0	0	1	1	1	1111 1100 1101 1111	8
7	0	0	1	0	1	1111 1100 0001 0111	10
8	0	0	1	0	0	1111 1010 0010 0011	15
9	0	1	1	0	0	1111 1100 0010 1111	20
10	0	1	1	0	1	1111 0100 0100 0111	30
11	0	1	1	1	1	1111 0000 0101 1111	40
12	0	1	1	1	0	1110 1100 0111 0111	50
13	0	1	0	1	0	1110 1000 1000 1111	60
14	0	1	0	1	1	1110 0100 1010 0111	70
15	0	1	0	0	1	1110 0000 1011 0111	80
16	0	1	0	0	0	1101 1100 1101 0111	90
17	1	1	0	0	0	1101 1010 1110 0011	95
18	1	1	0	0	1	1101 1000 1110 1111	100
19	1	1	0	1	1	1101 0110 1111 1011	105
20	1	1	0	1	0	1101 0101 0000 0111	110
21	1	1	1	1	0	1101 0001 0001 1111	120

　　根据表 2.2.17 所示的输入 X 地址和 G10 及 G11 地址组合关系，就可以利用 PMC 提供的指令编制程序，若使用基本指令编写 PMC 程序，需要有 16 个以上网络程序，比较麻烦。因此，PMC 提供了功能指令 CODB。

　　（1）CODB 功能指令。

　　CODB 指令把 1 字节二进制数指定的数据表内数据（1 字节、2 字节或 4 字节的二进制数）输出到转换数据输出地址中，一般用于数控机床操作面板上的倍率开关的控制，如进给轴速度倍率、主轴速度倍率等的 PMC 控制。CODB 功能指令格式如图 2.2.29 所示。

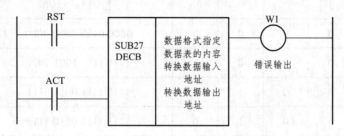

图 2.2.29　CODB 功能指令格式

　　错误输出复位（RST）：RST = 0 时，取消复位（输出 W1 不变）；RST = 1 时，进行复位，（输出 W1 为 0）。

　　执行条件（ACT）：ACT = 0 时，不执行 CODB 功能指令；ACT = 1 时，执行 CODB 功能指令。

　　数据格式指定：指定转换数据表中二进制数据的字节数，0001 表示 1 字节二进制数；0002 表示 2 字节二进制数；0004 表示 4 字节二进制数。

　　数据表的容量：指定转换数据表的范围（0～255），数据表的开头单元为 0 号，数据表的最后单元为 n 号，则数据表的大小为 $n + 1$。

　　转换数据输入地址：指定转换数据在数据表中的表内地址，一般可通过机床操作面板的开关来设定该地址的内容。

　　转换数据输出地址：指定数据表内的 1 字节、2 字节或 4 字节的二进制数据转换后的输出地址。

　　错误输出（W1）：在执行 CODB 功能指令时，如果转换数据输入地址出错（如转换数据地址超过了数据表的容量），则 W1 为 1。

CODB 功能指令转换数据过程如图 2.2.30 所示。转换数据输入地址为 3，通过 CODB 功能指令把数据表表内地址 3 中的内容 1250 送到转换数据输出地址。

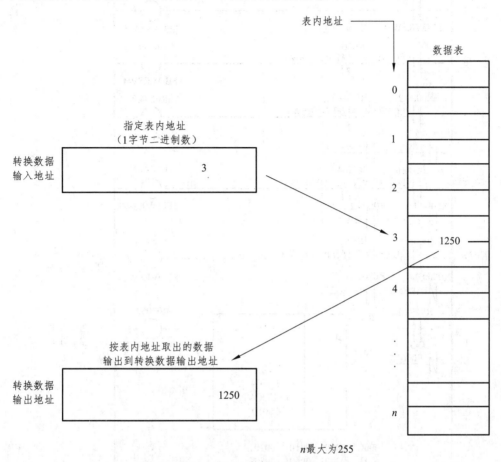

图 2.2.30　CODB 功能指令转换数据过程

（2）JOG 方式进给轴速度倍率参考程序。

采用 CODB 功能指令，就可以很方便地实现输入 X 信号与 G 信号之间的逻辑转换，参考程序如图 2.2.31 所示。网络 71～75 把 JOG 方式进给轴速度倍率输入信号由格雷码转换成二进制，存放在地址 R204 中，R204 即转换数据输入地址。网络 77 由 CODB 功能指令根据地址 R204 中的值，自动把数据表中的相关内容传送至 G10 和 G11 两个字节中。数据表中填写的数据是由 G10 和 G11 中带符号二进制数转换成的十进制数。如表 2.2.17 中，1%的 G10 和 G11 组合为 1111 1111 1001 1011，把它转换成十进制数为-101，其他以此类推。JOG 方式进给轴实际运行速度是参数 1423 的值乘以 JOG 方式进给轴速度倍率值。

实际维修 JOG 方式进给轴速度倍率故障时，参考表 2.2.17 所示的输入 X 地址信号和 G 地址信号相应关系，JOG 操作方式诊断信号过程页面进行信号诊断。一般来讲，主要诊断输入 X 地址信号变化情况，根据图 2.2.31 所示的 PMC 程序可知，在 JOG 方式下，没有急停和复位，只要输入 X 地址有变化，G10 和 G11 就有相应变化。

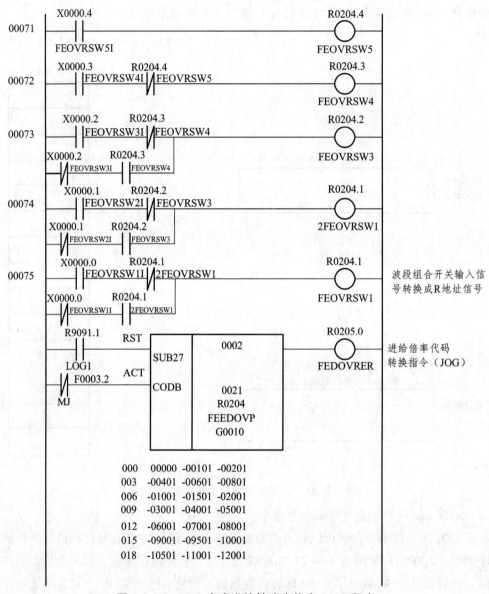

图 2.2.31　JOG 方式进给轴速度倍率 PMC 程序

3. 自动方式程序功能

要实现零件程序自动加工，必须在 MEM 或 DNC 方式下，选择需要执行的加工程序（临时编制一小段程序实现一个简单加工，也可以在 MDI 方式编制好程序），再按循环启动功能按键，才能进行自动加工；若需机床运行暂停，按循环暂停功能按键。在标准操作面板上，与程序自动加工有关的按键有：单程序段按键、空运行功能按键、机械锁住功能按键、程序段跳过按键等。相应的按键输入地址和按键状态指示灯电气原理图如图 2.2.32所示。

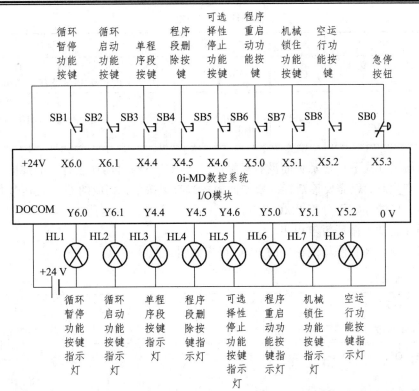

图 2.2.32　与自动加工有关的按键输入地址和按键状态指示灯电气原理图

而数控系统如何区分循环启动和循环暂停，以及与自动加工有关的功能，主要取决于有关的 G（F）地址信号。与自动加工有关的部分 G 地址信号和 F 地址信号如表 2.2.18 所示。

表 2.2.18　与自动加工有关的部分 G 地址信号和 F 地址信号

序号	信号地址	地址	信号符号	功　　能
1	自动运行启动信号	G7.2	ST	将信号 ST（G7.2）先置为 1，再置为 0，系统就处于自动运行状态
2	自动运行暂停信号	G8.5	*SP	若将信号 *SP 置为 0，系统就处于自动运行暂停状态，停止动作
3	自动运行暂停信号输出	F0.4	SPL	当系统处于进给运行暂停状态或自动运行停止/复位状态时，自动运行暂停信号输出，F0.4 置为 1
4	自动运行启动信号输出	F0.5	STL	在自动（MDI 或 DNC）加工方式下，自动运行启动信号输出，F0.5 置为 1
5	机床锁住信号	G44.1	MLK	若该信号为 1，输出脉冲不送到伺服放大器中，位置仍然显示变化
6	单程序段信号	C46.1	SBK	在自动方式下，若该信号有效，正在执行的程序段一结束，就停止动作，直到再按启动按钮
7	任选程序段跳过信号	C44.0	BDT	该信号在自动方式下有效，信号一旦为 1，以后从"/"开始读入的程序段到程序段结束（EOB 代码）为止的信息视为无效

续表 2.2.18

序号	信号地址	地址	信号符号	功　能
8	自动进给速度倍率信号	G12	*FV0 ~ *FV7	在自动运行切削中，实际的进给速度为指令速度乘以该信号所选择的倍率值
9	空运行信号输入	G46.7	DRN	选择空运行，此时自动运行的进给速度不是指令值，而是由参数 1410 设定的空运行速度

在自动加工方式下，显示页面没有报警信息，当按下与自动加工有关的按键，若某一动作功能没有产生时，就需要诊断标准操作面板按键有无按下，相应的 G 地址信号和 F 地址信号有无产生，可能还需要分析 PMC 程序。

（1）循环启动和循环暂停程序。

循环启动和循环暂停功能相应的 PMC 程序如图 2.2.33 所示。

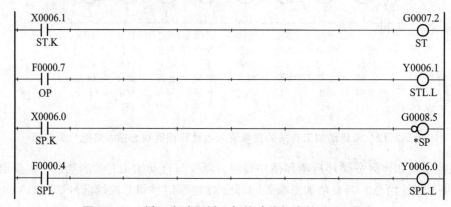

图 2.2.33　循环启动和循环暂停功能相应的 PMC 程序

从图 2.2.33 可以看出，当没有按循环暂停功能按键时，X6.0 为 0，G8.5 为 1。当按循环启动功能按键时，按键闭合，X6.1 为 1，G7.2 为 1。当手松开按键时，X6.1 为 0，G7.2 为 0。数控系统若没有检测到急停、复位等信号，就根据选择的加工程序进行零件加工。在实际设备中，图 2.2.33 所示的 PMC 程序中的 G7.2 和 G8.5 前面可能还有好多自动运行必要的逻辑条件。

（2）单程序段 PMC 程序。

单程序段 PMC 程序如图 2.2.34 所示。

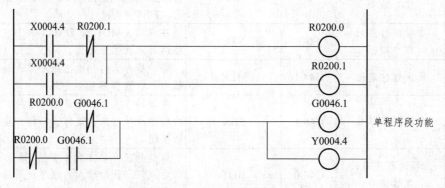

图 2.2.34　单程序段 PMC 程序

X4.4 为单程序段按键，当按下 X4.4 单程序段按键时，G46.1 为 1，同时 Y4.4 指示灯点亮，并自锁，当按键松开时，状态保持不变；当再按下 X4.4 单程序段按键时，R200.0 断开，G46.1 为 0，同时 Y4.4 指示灯熄灭。若再按 X4.4 按键，Y4.4 又点亮，依次交替。系统在运行程序过程中，若检测到 G46.1 为 1，加工程序每执行一段程序就处于暂停状态，操作人员按循环启动功能按键，再继续执行下一条加工程序。

在程序正常运行过程中，若按下单程序段按键没有相应动作，就需要参考诊断过程对输入地址（X）和 G 地址进行分析，若分析不出原因，就需要进入 PMC 程序进行具体逻辑分析。

（3）机械锁住 PMC 程序。

机械锁住 PMC 程序如图 2.2.35 所示。

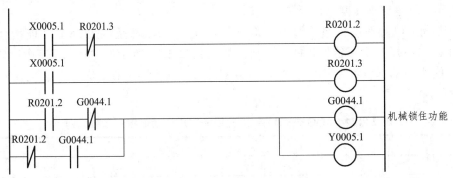

图 2.2.35　机械锁住 PMC 程序

从图 2.2.35 可以看出，按键 X5.1 与 G44.1 逻辑关系与前面几个按键是一样的，每按一下 X5.1 按键，Y5.1 显示灯点亮，再按一下 X5.1 按键，Y5.1 显示灯熄灭，依次交替。在手动或自动方式下，当 CNC 系统检测到 G44.1 为 1 时，CNC 系统不输出脉冲信号到伺服放大器，仅显示坐标数字变化，但机床进给轴不运动。

通过对照图 2.2.34 和图 2.2.35 所示的 PMC 程序可以看出，机械锁住 PMC 程序与单程序段 PMC 程序逻辑思路是一样的，按键功能实现交替功能，故障诊断思路与单程序段 PMC 程序一样，其他按键功能编程和诊断思路也是一样的。

注意： 当按下机床锁住解锁后机床需要重新执行回零操作。

（4）自动方式进给轴速度倍率 PMC 程序。

在自动运行切削中，实际的进给轴速度为指令速度乘以自动方式进给轴速度倍率信号所选择的倍率值。FANUC 公司规定自动方式进给轴速度倍率取决于 G12。G12 各位用符号如表 2.2.19 所示。

表 2.2.19　G12 各位用符号

指令	#7	#6	#5	#4	#3	#2	#1	#0
G12	*FV7	*FV6	*FV5	*FV4	*FV3	*FV2	*FV1	*FV0

自动方式进给轴速度倍率计算公式为

$$倍率值 = \sum_{i=0}^{7}(2^i \times Vi) \times \%$$

式中，当*FVi为1时，$Vi=0$；当*FVi为0时，$Vi=1$。

自动方式进给轴速度倍率信号权值如表 2.2.20 所示。

表 2.2.20　自动方式进给轴速度倍率信号权值

信号符号	*FV7	*FV6	*FV5	*FV4	*FV3	*FV2	*FV1	*FV0
权值	128%	64%	32%	16%	8%	4%	2%	1%

*FV0～*FV7 都为 0 和都为 1 时，自动方式进给轴速度倍率都被认为是 0%。因此，自动方式进给轴速度倍率可在 0～254%以 1%为单位进行选择。

在标准 I/O Link 操作面板中，JOG 方式和自动方式进给轴速度倍率是合用的，因为同一时间只需用一种进给轴速度倍率开关。

自动方式进给轴速度倍率的编程思路与 JOG 方式一样，都是利用 PMC 功能指令 CODB 简化编程，选择开关输入条件相同，主要区别是图 2.2.36 所示的 PMC 程序中网络 77 中 CODB 功能指令的部分参数不同。JOG 方式和自动方式下 CODB 功能指令参数区别如表 2.2.21 所示。

表 2.2.21　JOG 方式和自动方式下 CODB 功能指令参数区别

参　　数	JOG 方式	自动方式
ACT	F3.2	F3.5
数据格式指定	2	1
数据表的容量	21	21
转换数据输入地址	R204	R204
转换数据输出地址	G10 和 G11	G12
数据表	0, -101, -201, -401, -601, -801, -11001, -12001, -3001, -4001, -5001, -6001, -7001, -8001, -9001, -9501, -10001, -10501, -11001, -12001	0, -2, -3, -5, -7, -9, -11, -16, -21, -31, -41, -51, -61, -71, -81, -91, -96, -101, -106, -111, -121

在图 2.2.36 中，CODB 功能指令数据表中填写的是与自动方式进给轴速度倍率相对应的 G12 中带符号二进制数转换成的十进制数。自动方式进给轴速度倍率维修思路与 JOG 方式进给轴速度倍率的维修思路是一样的。

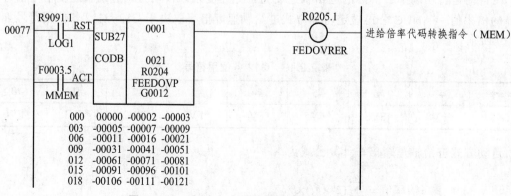

图 2.2.36　自动方式进给轴速度倍率 PMC 程序

4. 辅助功能程序

辅助功能一般指 M、S、T 辅助功能，这里主要介绍 M 辅助功能，M 辅助功能故障是数控设备维修中常见的故障。当自动运行加工程序中出现如图 2.2.37 所示的页面时，辅助功能执行时间超过正常逻辑运行时间，不能往下正常执行程序，说明在输入/输出逻辑处理中有故障产生。有的 PMC 程序是制造厂家开发好的，有相关的故障提示，故障报警号是 EX1000～EX1999 和 2000～2999。EX1000～EX1999 的报警一般来讲都是 I/O 输入/输出部分故障，不是系统本体故障。

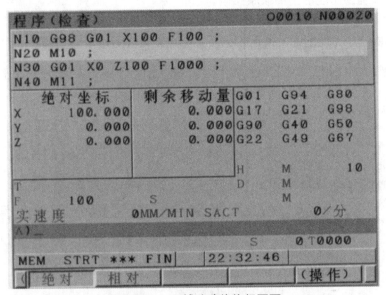

图 2.2.37 M 辅助功能执行页面

维修人员要理解 M 辅助功能指令的功能和作用，熟悉机床现场动作流程，理解 M 辅助功能指令控制过程，能通过 PMC 梯形图分析、检查故障产生的原因。

（1）M 辅助功能执行过程。

① 假设程序中包含 M 辅助功能指令 M×××。

××× 为 M 辅助功能指令的位数，由十进制数表示。通过参数 3030 可以指定 M 辅助功能指令最大位数，当指令超过该最大位数时，会有报警发出。

② 系统将 M 后面的数字自动转换成二进制输出至 F10～F13 四个字节中，经过由参数 3010 设定的时间 TMF（标准设定为 16 ms）后，选通脉冲信号 MF（F7.0）成为 1。如果移动、暂停、主轴速度或其他功能指令与 M 辅助功能指令编制在同一程序段中，当送出 M 辅助功能指令的代码信号时，开始执行其他功能。

③ 在 PMC 侧，在 MF（F7.0）选通脉冲信号成为 1 的时刻读取代码信号，执行对应的动作。PMC 执行机床制造商编制的梯形图程序。

④ 如果希望 M 辅助功能指令在移动、暂停等功能完成后执行对应的动作，分配完成信号 DEN（F1.3）应为 1。

⑤ PMC 侧完成对应的动作时，将完成信号 FIN（G4.3）设定为 1。完成信号在 M 辅助功能、主轴功能、刀具功能、第 2 辅助功能以及其他外部动作功能等中共同使用。如果这些

外部动作功能同时动作，则需要在所有外部动作功能都已经完成的条件下，将完成信号 FIN（G4.3）设定为 1。

⑥ 完成信号 FIN（G4.3）保持为 1 的时间超过参数 3011 设定的时间 TFIN（标准设定为 16 ms）时，CNC 将选通脉冲信号 MF（F7.0）设定为 0，通知 PMC、CNC 已经接收了完成信号的事实。

⑦ PMC 侧在选通脉冲信号 MF（F7.0）成为 0 的时刻，将完成信号 FIN（G4.3）设定为 0。

⑧ 完成信号 FIN（G4.3）成为 0 时，CNC 将 F10～F13 四个字节中的代码信号全都设定为 0，并结束 M 辅助功能的全部顺序操作。

⑨ CNC 等待相同程序段的其他指令完成后，进入下一个程序段。

M 辅助功能时序图如图 2.2.38 所示，图中①～⑨对应上述步骤①～⑨。

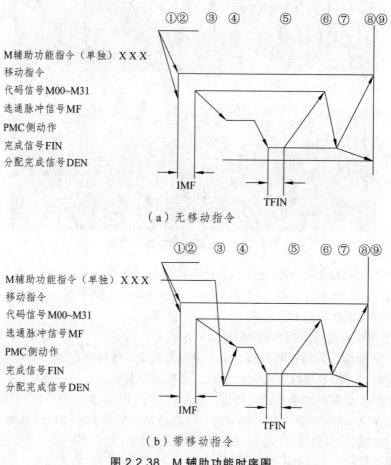

图 2.2.38　M 辅助功能时序图

（2）M 辅助译码功能指令（DECB）。

从 M 辅助功能执行过程可以看出，M 辅助功能主要输出信号控制机床现场负载动作。当编制 M 辅助功能指令时，会输出 MF（F7.0）和 F10～F13 数据给 PMC，PMC 梯形图进行逻辑处理输出信号到机床设备。PMC 梯形图逻辑处理过程中，需要使用到功能指令 DECB（SUB25）进行译码，处理 F10～F13 中的数据。当完成逻辑处理后，PMC 程序必须产生 FIN

（G4.3）信号或 MFIN（G5.0）信号给系统，系统收到此信号后才能执行下一条程序。

① DECB 功能指令。

DECB 译码功能指令格式和应用举例如图 2.2.39 所示。

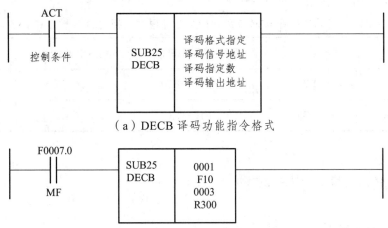

（a）DECB 译码功能指令格式

（b）DECB 译码功能指令应用举例

图 2.2.39　DECB 译码功能指令格式和应用举例

DECB 功能指令可对 1、2 或 4 字节的二进制代码数据译码，所指定的 8 位连续数据中有一位与代码数据相同时，对应的输出数据位为 1。DECB 指令主要用于 M 代码、T 代码及特殊 S 代码的译码，一条 DECB 指令可译 8 个连续 M 代码或 8 个连续 T 代码。

译码格式指定：0001 表示 1 字节的二进制代码数据；0002 表示 2 字节的二进制代码数据；0004 表示 4 字节的二进制代码数据。

译码信号地址：给定一个存储代码数据的地址。

译码指定数：给定要译码的 8 位连续数据的第 1 位。

译码输出地址：给定一个输出译码结果的地址。

② DECB 指令举例。

若加工程序中有 M03 指令执行，则经过图 2.2.39（b）所示的 PMC 程序处理后，相应的 R300.0 为 1。其他没有执行的 M04、M05、M06、M07、M08、M09、M10 指令对应的 R300.1、R300.2、R300.3、R300.4、R300.5、R300.6、R300.7 状态为 0。若单独执行 M08 指令，则经过图 2.2.39（b）所示的 PMC 程序处理后，相应的 R300.5 为 1，其他没有执行的 M 辅助指令对应的位为 0。分别编制 M03 和 M08 指令，可得 M 辅助功能指令与 DECB 译码功能指令译码结果关系，如表 2.2.22 所示。

表 2.2.22　M 辅助功能指令与 DECB 译码功能指令译码结果关系

R 字节	R300							
位	#7	#6	#5	#4	#3	#2	#1	#0
M03	0	0	0	0	0	0	0	1
M08	0	0	1	0	0	0	0	0

5. T 功能指令

T 功能指令处理基本思路与 M 辅助功能指令差不多，T 功能指令与 M 辅助功能指令处理过程相关的 G 地址和 F 地址如表 2.2.23 所示。

表 2.2.23　　T 功能指令与 M 辅助功能指令处理过程相关的 G 地址和 F 地址

指　　令	选通信号地址	存放数据的 F 存储区	完成信号地址	处理过程
T 功能指令	F7.3	F26～F29	G4.3	相同
M 辅助功能指令	F7.0	F10～F13	G4.3	相同

五、PMC 程序监控与维护

（一）PMC 程序监控的意义

在数控设备维护过程中，若对数控设备输入/输出开关量含义和作用都比较熟悉，又熟悉数控设备工作过程，一般不需要进入 PMC 程序进行逻辑分析排除故障，只需要按照项目二介绍的方法，进行信号状态诊断就可以了。

当数控设备逻辑关系比较复杂时，不能利用项目二介绍的信号诊断方法快速直接排除故障，这时有必要进入 PMC 程序，通过 PMC 程序监控分析故障原因。

（二）PMC 程序维护和修改的作用

在数控设备使用过程中，当机床本体和操作面板以及数控系统功能开发没有变动时，一般数控设备系统的 PMC 程序是不需要修改的。

当机床本体和操作面板以及数控系统功能需要变动时，就需要修改部分 PMC 程序。当原来的 PMC 程序中的逻辑关系需要增添或删除某一逻辑条件时，就必须修改 PMC 程序；当 PMC 程序中某一数据需要变更时，也必须修改 PMC 程序。

注意：PMC 程序不能轻易改动，如果必须要修改，请在修改 PMC 程序前将 PMC 程序及系统参数做好备份，以免出现修改错误不能更正时造成设备瘫痪。

（三）PMC 程序页面介绍

在 PMC 程序主菜单中，可以进行监控、编辑（修改、删除、插入等）PMC 程序等操作。PMC 程序主菜单下各页面切换操作示意图如图 2.2.40 所示，分 PMC 程序显示功能和 PMC 程序编辑功能两部分。

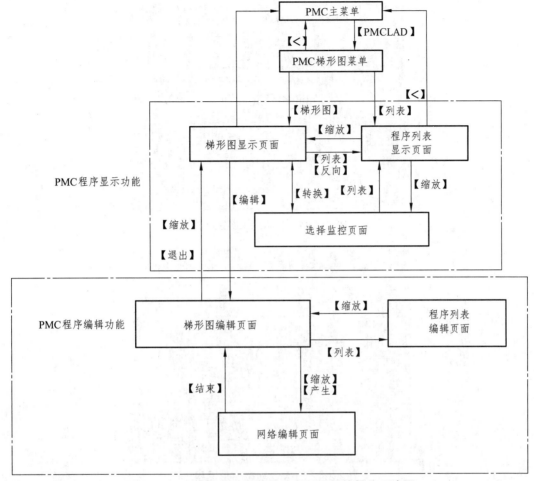

图 2.2.40 PMC 程序主菜单下各页面切换操作示意图

1. PMC 程序页面监控

根据图 2.2.40 所示的页面切换可知,PMC 程序显示功能分三大页面(省略了子程序页面): 梯形图显示页面、程序列表显示页面、选择监控页面。

显示 PMC 梯形图菜单的步骤如下:

(1) 多按几次 [SYSTEM] 键,依次单击【 + 】、【PMCLAD】、【列表】,出现如图 2.2.41 所示的页面;若单击【梯形图】,则出现如图 2.2.42 所示的页面。

(2) 在图 2.2.42 所示的页面中,可以动态显示 PMC 梯形图程序,在动态显示 PMC 梯形图程序时:

① 接点和线圈根据信号的状态,其形状和显示颜色发生变化。

② 功能指令的参数通常受到监控并被显示出来。可以通过对系统用保持继电器参数进行设置,使功能指令的参数不被监控和显示。

③ 接点和线圈可以显示符号地址,可以有注释,并可以对符号地址和注释进行颜色设定。

④ 可以对整个 PMC 程序输入地址和功能指令等进行快速搜索。PMC 动态梯形图程序页面主要的菜单如图 2.2.43 所示。

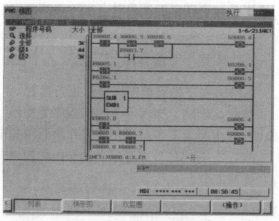

图 2.2.41　PMC 梯形图列表

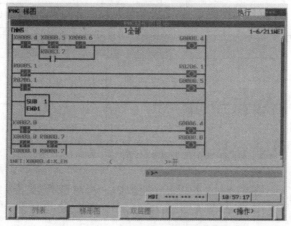

图 2.2.42　PMC 动态梯形图程序

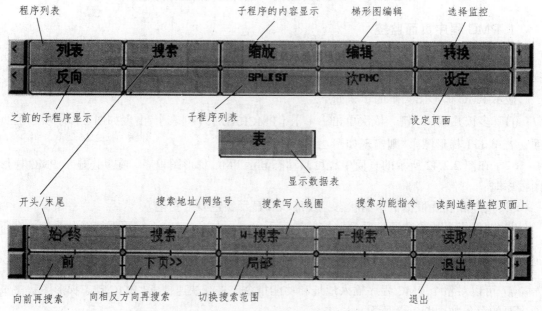

图 2.2.43　PMC 动态梯形图程序页面主要的菜单

2. PMC 程序页面编辑

可以在梯形图编辑页面上编辑梯形图程序，改变梯形图运行方式。切换到梯形图编辑页面，在梯形图显示页面上单击【编辑】。可以在梯形图编辑页面上对梯形图程序进行编辑操作，其对应的菜单如下：

（1）以网络为单位删除：【删除】。

（2）以网络为单位移动：【剪切】+【粘贴】。

（3）以网络为单位复制：【复制】+【粘贴】。

（4）改变接点和线圈的地址："位地址" + [⬦ INPUT] 键。

（5）改变功能指令参数："数值/字节地址" + [⬦ INPUT] 键。

（6）追加新网络：【产生】。

（7）改变网络的形状：【缩放】。

（8）反映编辑结果：【更新】。

（9）恢复到编辑前的状态：【恢复】。

（10）取消编辑：【取消】。

不管处在运行中还是停止中，都可以编辑梯形图。但是，要执行已编辑的梯形图程序，必须进行更新梯形图程序的操作。操作方法为：单击【更新】或者退出梯形图编辑页面时进行更新。

在未将所编辑的顺序程序写入到 FLASH ROM 中就断开电源时，该编辑程序将会丢失。应在输入/输出页面中将编辑程序写入 FLASH ROM。通过设置 PMC 系统保持继电器参数或在 PMC 的【PMCCNF】菜单下的【设定】页面中设置参数，使系统在梯形图程序编辑结束时出现是否写入到 FLASH ROM 的提示信息。

与 PMC 程序编辑页面有关的菜单如图 2.2.44 所示。

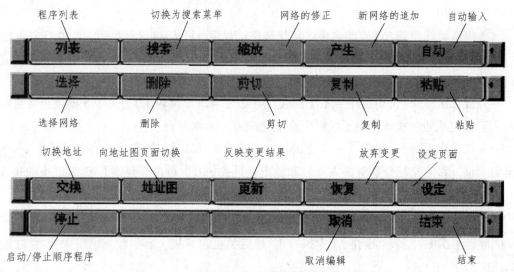

图 2.2.44　与 PMC 程序编辑页面有关的菜单

PMC 程序编辑页面中主要的菜单是【缩放】和【产生】。单击【缩放】能实现对当前光标所在网络的修改。单击【产生】能实现产生一个新的网络程序。在网络编辑页面，可以参考如图 2.2.45 所示的与网络编辑有关的菜单进行操作。在如图 2.2.45 所示的页面中，没有的一些菜单可以单击【 + 】进入下一页查找。

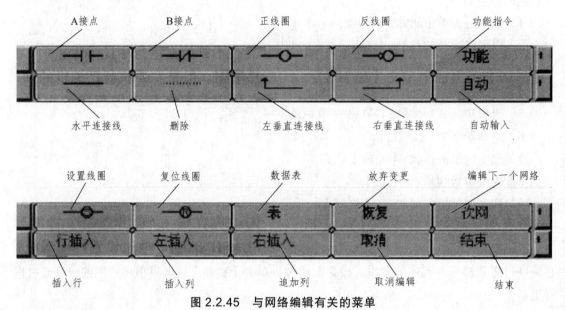

图 2.2.45　与网络编辑有关的菜单

【实战演练】

一、I/O 模块硬件连接与地址分配

训练步骤如下：

（1）辨认训练设备 I/O 模块名称、订货规格、数量、输入/输出点数等，并填写表 2.2.24。

（2）画出 FANUC 数控系统与 I/O 模块的硬件连接图，指出每一个接口的位置和含义，并进行插拔实践。

（3）按几次 SYSTEM 键，单击【 + 】、【PMCCNF】、【 + 】、【模块】，进入 I/O 模块设置页面，找出实验装置或数控机床上的 I/O 模块地址分配表，并填写表 2.2.24。

（4）按几次 SYSTEM 键，单击【 + 】、【PMCCNF】、【模块】、【（操作）】、【编辑】，进入 I/O 模块设置页面，移动光标分别至输入地址和输出地址起始处，单击【删除】，删除原来的输入地址和输出地址分配数据。

（5）多按几次 SYSTEM 键，单击【 + 】、【PMCMNT】、【I/O】，按 → 键，单击【F-ROM】，再按 ↓ 键，单击【写】、【（操作）】、【执行】，然后关机再开机，当前数据情况保存在 FLASH ROM 中。

（6）观察显示页面，当前应有急停等报警信号，因为 PMC 程序找不到输入地址等。

（7）参照之前设置地址的方法，按照步骤（3）和表 2.2.25 记录的组号、基座号、插槽号、名称以及输入/输出起始地址，重新设置地址分配。

（8）按照步骤（5），保存数据设置，断电再开机。

（9）验证设置数据的正确性，应该与实验前情况一样。

表 2.2.24　I/O 模块信息一览表

I/O 模块名称	订货规格	数　量	输入/输出点数	能否接手摇式脉冲发生器

表 2.2.25　I/O 模块地址分配表

I/O 模块名称	输入地址分配		输出地址分配	
	输入地址范围	组号、基座号、插座号、名称	输出地址范围	组号、基座号、插座号、名称

二、PMC 参数设置

训练步骤如下：

（1）多按几次 【SYSTEM】 键，单击【＋】、【PMCMNT】、【＋】、【定时】，出现定时器页面。

（2）上下移动光标，查找一个没有使用的定时器号，输入"1 000"，若页面显示定时精度为 48，其单位为 ms，会发现页面显示设定时间为 960，即 960 ms。若页面显示定时精度为 8，其单位为 ms，会发现页面显示设定时间为 1 000，即 1 000 ms。因为 1 000/8 = 125，所以定时精度余数为 0。

（3）单击【＜】、【计数器】，进入计数器页面。

（4）上下移动光标，查找一个没有使用的计数器号，在"设定值"中输入"1 000"，页面显示设定值为 1 000。输入最大不能超过 32 767。

（5）单击【＜】、【K 参数】，进入保持继电器页面。

（6）上下移动光标，在 K0～K99 查找为 1 的位，并记录，等一段时间后，然后断电，再上电，检查该位是否还为 1。查看 K900～K999 有无为 1 的位，并记录。K900～K999 为系统保持继电器，系统保持继电器与 PMC 设定页面有一定的对应关系，主要涉及编辑是否许可、编辑后是否保存、PMC 参数是否隐藏、PMC 程序是否隐藏、编程器功能是否有效等，如图 2.2.46 所示。PMC 设定页面参数与 K900～K999 系统保持继电器参数设置对应关系如表 2.2.26 所示。也就是说，在 K 参数页面设置 K900～K999 系统保持继电器参数与在 PMC 设定页面设置参数功能是相同的。

（7）单击【<】、【数据】，进入数据表控制数据页面。

（8）单击【（操作）】、【缩放】，进入数据表页面，可以记录页面有数值的地址。

（9）单击【<】，退出非易失性参数设置页面，给系统断电，稍后再上电。

（10）重复前面的步骤，比较原来记录的定时器、计数器、保持继电器、数据表数据是否与现在一样。结果说明该4种数据是非易失性的，断电后仍能保持。

表 2.2.26　PMC 设定页面参数与系统保持继电器参数设置对应关系

PMC 参数功能	PMC 参数设置	系统 K 参数	PMC 参数功能	PMC 参数设置	系统 K 参数
跟踪启动	手动	K906.5 = 0	隐藏 PMC 程序	不	K900.0 = 0
	自动	K906.5 = 1		是	K900.0 = 1
PMC 编辑有效	不	K901.6 = 0	I/O 组选择页面	隐藏	K906.1 = 0
	是	K901.6 = 1		显示	K906.1 = 1
PMC 编辑自动写到 FLASH ROM 中	不	K902.0 = 0	系统保持继电器	隐藏	K906.6 = 0
	是	K902.0 = 1		显示	K906.6 = 1
RAM 可写入	不	K900.4 = 0	PMC 程序启动	手动	K900.2 = 0
	是	K900.4 = 1		自动	K900.2 = 1
数据表控制页面显示	是	K900.7 = 0	允许 PMC 停止	不	K902.2 = 0
	不	K900.7 = 1		是	K902.2 = 1
隐藏 PMC 参数	不	K900.0 = 0	PMC 编程器功能有效	不	K900.1 = 0
	是	K900.0 = 1		是	K900.1 = 1
保护 PMC 参数	不	K902.7 = 0	—	—	—
	是	K902.7 = 1	—	—	—

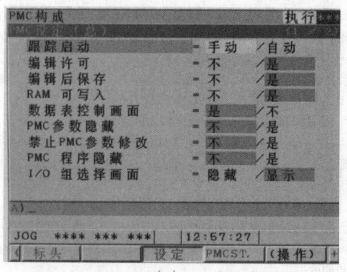

（a）

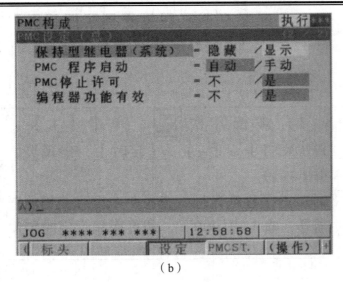

（b）

图 2.2.46　PMC 设定页面

三、PMC 信号状态监控

训练步骤如下：

（1）根据提供的电气图纸填写表 2.2.27。

（2）多按几次 键，单击【+】、【PMCMNT】、【信号】、【（操作）】，输入表 2.2.14 中的地址，单击【搜索】，出现 X 输入地址页面。当按某一操作方式操作时，将输入信号地址的变化情况记录在表 2.2.27 中。

表 2.2.27　操作面板操作方式输入地址

操作方式	输　入　地　址						
MDI（手动数据输入）方式							
自动运行（MEM）方式							
DNC（远程加工）运行方式							
编辑（EDIT）方式							
手轮/步进进给（HANDLE/STEP）方式							
JOG（手动连续进给）运行方式							
返回参考点（REF）方式							

（3）多按几次 键，单击【+】、【PMCMNT】、【信号】、【（操作）】，输入表 2.2.28 中涉及的 G 地址信号，单击【搜索】，出现 G 地址信号组合监控页面。当按某一操作方式操作时，将 G 地址信号组合变化情况记录在表 2.2.28 中。

（4）多按几次 键，单击【 + 】、【 PMCMNT 】、【信号】、【（操作）】，输入表 2.2.28 中涉及的 F 地址信号，单击【搜索】，出现 F 地址信号组合监控页面。当按某一操作方式操作时，将 F 地址信号变化情况记录在表 2.2.28 中。

表 2.2.28　操作方式与 G 地址信号以及 F 地址信号的关系

操作方式	G 地 址 信 号					输出信号	状态（0/1）
	ZRN G43.7	DNC1 G43.5	MD4 G43.2	MD2 G43.1	MD1 G43.0		
MD1（手动数据输入）						MMDI （F3.3）	
MEM（自动运行）						MMEM （F3.5）	
DNC（远程加工） 运行方式						MRMT （F3.4）	
编辑（EDIT）方式						MEDT （F3.6）	
手轮/步进进给 （HANDIE/STEP）方式						MH （F3.1）	
JOC（手动连续进给） 运行方式						MJ （F3.2）	
返回参考点（REF）方式						MREF （F4.5）	

（5）多按几次 键，单击【 + 】、【 PMCMNT 】、【 + 】、【 I/O 诊断 】、【（操作）】，出现如图 2.2.47 所示的"I/O 诊断（地址）"页面。所有建立符号表的地址都能在此页面中监控到信号地址状态。

（6）在图 2.2.47 所示的页面下，分别输入 X 轴、Y 轴、Z 轴方向按键地址以及 G100.0～G100.2 和 G102.0～G102.2，单击【搜索】，若没有搜索到，说明还没有建立地址符号表。

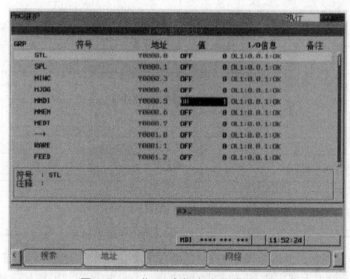

图 2.2.47　"I/O 诊断（地址）"页面

（7）多按几次 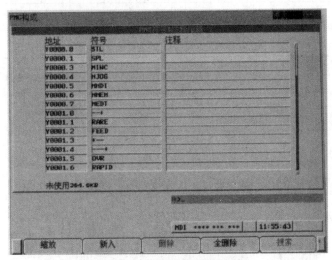 键，单击【+】、【PMCMNT】、【符号】、【（操作）】、【编辑】，提示是否停止程序，单击【是】，进入地址符号表页面，如图 2.2.48 所示。

图 2.2.48 地址符号表页面

（8）在图 2.2.48 所示的页面，单击【新入】，输入步骤（6）罗列的地址及符号，单击【添加】，添加到类似图 2.2.48 所示的页面下。单击【+】、【退出】，把数据写入 FLASH ROM 中。

（9）按照步骤（5），进入图 2.2.47 所示的页面，选择 JOG 方式，当按下相应进给轴方向按键时，监控步骤（6）所罗列的地址，并填写表 2.2.29。

表 2.2.29 进给轴方向按键与 G 信号进给轴方向信号相应的关系

信号地址	功能	状态	信号地址	功能	状态
+X 按键地址	+X 轴输入		-X 按键	-X 轴输入	
G100.0	+X 轴 G 地址信号		G102.0	-X 轴 G 地址信号	
+Y 按键地址	+Y 轴输入		-Y 按键	-Y 轴输入	
G100.1	+Y 轴 G 地址信号		G102.1	-Y 轴 G 地址信号	
+Z 按键地址	+Z 轴输入		-Z 按键	-Z 轴输入	
G100.2	+Z 轴 G 地址信号		G102.2	-Z 轴 G 地址信号	

四、数控机床倍率控制 PMC 程序分析

训练步骤如下：

（1）根据项目一中 I/O 模块定义的方法，查看输入/输出地址分配范围，并填写表 2.2.30。

（2）多按几次 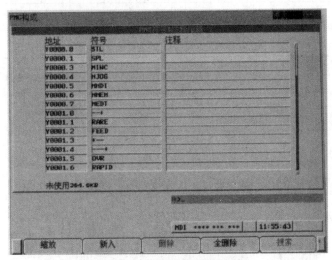 键，单击【+】、【PMCMNT】、【信号】、【（操作）】，将 I/O 模块输入起始地址记录在表 2.2.30 中，单击【搜索】，出现如图 2.2.49 所示的页面。

表 2.2.30　I/O 模块输入、输出地址范围

I/O 模块输入/输出地址范围	输入地址分配范围	输出地址分配范围

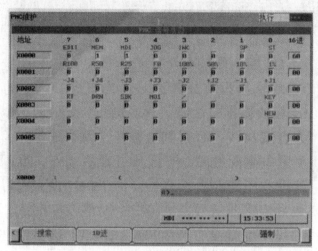

图 2.2.49　MPC 信号状态诊断页面

（3）在 JOG 方式下，操作机床操作面板上的进给倍率开关，观察有无变化的位，将进给轴速度倍率开关从 0%变化到最大倍率，记录有变化的位及组合，并填写表 2.2.31。

表 2.2.31　JOG 方式下手动进给倍率开关输入地址与倍率的关系

（4）输入 G10，单击【搜索】，出现如图 2.2.50 所示的页面。

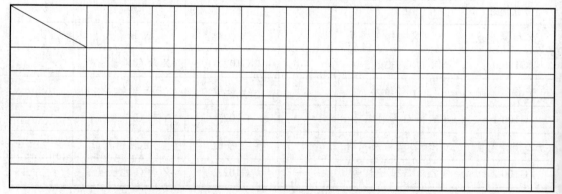

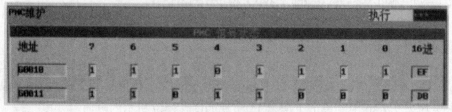

图 2.2.50　G10 信号页面

（5）在 JOG 方式下，操作手动进给倍率开关从 0%变化到最大倍率，观察手动进给倍率与 G10 和 G11 组合之间的关系，并填写表 2.2.32。

表 2.2.32　JOG 方式下手动进给倍率与 G10 和 G11 组合之间的关系

序　号	输　入　地　址					G11～G10	倍率值/%
						*JV15～*JV0	

（6）多按几次 [SYSTEM] 键，单击【＋】进入下一菜单，单击【PMCLAD】、【列表】、【梯形图】、【(操作)】、【搜索】，输入 G10，单击【搜索】，出现如图 2.2.42 所示的类似程序。分析 CODB 功能指令每一个参数的含义并填写表 2.2.33，记录实验装置中涉及 G10 和 G11 的功能指令程序，并通过对数控实验设备中典型辅助功能控制 PMC 程序进行分析，了解 PMC 程序中功能指令的应用，为维修作准备。

表 2.2.33　CODB 功能指令参数含义

参　数	值	含　义

（7）如果条件允许，参考步骤（1）～（6），分析自动加工倍率输入和 G12 地址位组合之间的关系。

（8）在维修涉及进给倍率的故障时，一般不需要查看 PMC 程序，因为逻辑关系没有人为修改过，只要监控进给倍率输入地址是否正常变化、G 地址信号倍率是否正常变化就可以了。指导教师可以在前面实验步骤的基础上，设置倍率故障，由学生检查和监控故障所在。

五、PMC 程序的监控和修改

训练步骤如下：

（1）根据前面知识介绍，自行找出主轴正转、反转和停止输入地址或由指导教师提供的在 JOG 方式下主轴正转、反转和停止按键的地址。

（2）多按几次 ▣ 键，依次单击【＋】、【PMCLAD】、【列表】，出现如图 2.2.41 所示的类似页面；若单击【梯形图】，则出现如图 2.2.42 所示的类似页面。单击【（操作）】，分别输入主轴正转、反转和停止按键的地址，单击【搜索】，显示页面出现涉及按键地址的 PMC 程序，记录该程序网络。

（3）在 JOG 操作方式下，当按下和松开主轴正转按键时，观察主轴正转按键输入地址变化情况，并分析逻辑输出。当按下和松开主轴停止按键时，观察主轴停止按键输入地址变化情况，并分析逻辑输出。

（4）在实验设备中找出暂时没有使用的两个备用按键、一个指示灯以及没有使用的定时器，根据电气图纸或自行找出它们的输入/输出地址。确保它们没有物理逻辑输出错误，并在表 2.2.34 中记录地址分配。

表 2.2.34　地　址　分　配

	地 址 分 配	功　能
按键 1		启　动
按键 2		停　止
输出 1		输　出
定时器		定　时

（5）参考图 2.2.51 所示的页面，自行编制一个经典的自锁程序，当输出 10 s 后，输出自动断开并记录程序。

（6）多按几次 ▣ 键，依次单击【＋】、【PMCLAD】、【（操作）】、【编辑】、【产生】，出现类似 PMC 梯形图编辑的页面，参考案例分析中输入程序的方法，把步骤（5）编制的程序输入 PMC 程序中，并在定时器参数区设置定时参数为 10 s，即应设为 "10 000"，设置单位为 ms，如图 2.2.52 所示。

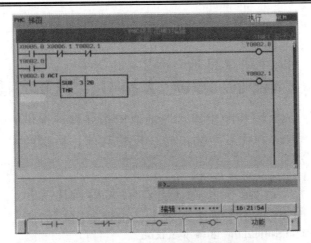

图 2.2.51 PMC 程序编辑页面

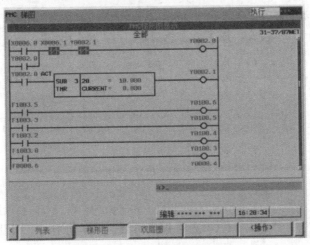

图 2.2.52 定时器设置页面

（7）参考步骤（2），监控输入程序运行情况，如当按下启动按键时，是否有输出；当时间到时，输出是否断开。PMC 程序监控页面如图 2.2.53 所示。

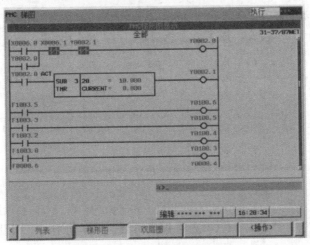

图 2.2.53 PMC 程序监控页面

项目三　数控系统 FS-0iC/D 参数设定

【知识目标】

（1）熟悉数控系统 FS-0iC/D 的基本参数设定。

（2）熟悉数控系统 FS-0iC/D 的进给参数设定。

（3）熟悉数控系统 FS-0iC/D 的主轴参数设定。

（4）熟悉数控系统 FS-0iC/D 的数据备份与恢复。

【能力目标】

（1）根据数控机床技术指标能正确进行数控系统 FS-0iC/D 的基本参数分析与设定。

（2）根据数控机床技术指标能正确进行数控系统 FS-0iC/D 的进给参数分析与设定。

（3）根据数控机床技术指标能正确进行数控系统 FS-0iC/D 的主轴参数分析与设定。

（4）根据数控机床技术指标能正确进行数控系统 FS-0iC/D 的数据备份与恢复。

【职业素养】

（1）培养学生高度的责任心和耐心。

（2）培养学生动手、观测、分析问题、解决问题的能力。

（3）培养学生查找资料和自学的能力。

（4）培养学生与他人沟通的能力，塑造自我形象、推销自我。

（5）培养学生的团队合作意识及具备企业员工意识。

任务一　数控系统 FS-0iC/D 的基本参数设定

【工作内容】

（1）简述数控系统基本参数的类型。

（2）对系统参数的输入和修改进行操作。

（3）设定主轴组、坐标组、进给速度组、进给控制组的参数。

【知识链接】

FANUC CNC 数控系统出厂时已设定了标准参数。根据使用的机床设定 FANUC CNC 系统基本参数。

一、参数的类型

（1）将参数按照数据类型分类，可分为位型、字节型、字型、双字型、实数型等，如表3.1.1 所示。

表 3.1.1　按数据类型分类

数据类型	设定范围	备　注
位型	0 或 1	
字节型	−128～127 或 0～255	
字型	32 768～32767 或 0～65 535	部分参数数据类型为无符号 可以设定的数据范围决定于各参数
双字型	0～±99 999 999	
实数型	小数点后带数据	

（2）将参数按用途分类，可分为路径型、轴型、主轴型等，如表3.1.2 所示。

表 3.1.2　按用途分类

用途分类	用　途	实　例
路径型	与路径相关的设定	参数：0001 0：0 系列标准格式 1：15 系列格式
轴型	与控制轴相关的设定	参数：1420，各轴快速移动速度
主轴型	与主轴相关的设定	参数：0982，各主轴归属路径号

二、参数的输入法

可以使用钥匙开关防止错误地修改参数，按以下步骤写入 FANUC CNC 系统参数。

（1）将 CNC 控制器置于 MDI 方式或急停状态。确认 CNC 位置页面显示运转方式为 MDI，或在页面中央下方，EMG 在闪烁。在系统启动时，如没有装入顺序程序，自动进入该状态。调试机床时，可能会频繁修改伺服参数，为安全起见，应在急停状态下进行参数的设定或修改。另外，在设定参数后对机床的动作进行确认时，应有所准备，以便能迅速按急停按钮。

（2）按几次【OFS】/【SET】功能键，显示设定页面。

（3）将写参数设定为 1，打开写参数的权限，如图 3.1.1 所示。

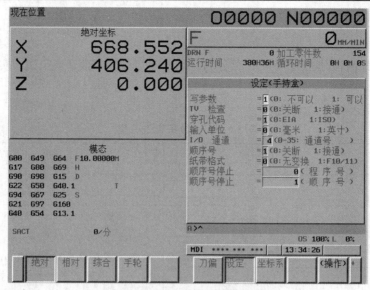

图 3.1.1 写参数的权限页面

注意：

① 出现 100 号报警后系统页面切换到报警页面。

② 可以设定参数 3111#7 为 1，这样出现报警时系统页面不会切换到报警页面。通常，发生报警时，必须让操作者知道，因此上述参数应设置成 0。

③ 在解除急停（运转准备）状态下，同时按【CAN】和【RESET】键时，可解除 100 号报警。

（4）在 MDI 方式下，按几次【SYSTEM】功能键进入参数设定页面，如图 3.1.2 所示。

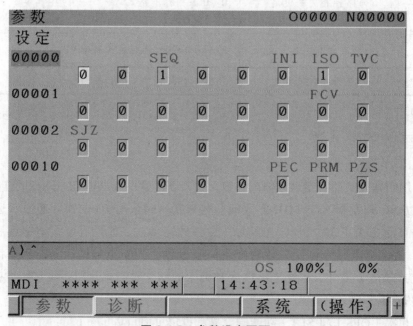

图 3.1.2 参数设定页面

（5）参数设定方法如表 3.1.3 所示。

表 3.1.3　参　数　设　定

光标位置处数据置 1	ON：1	位型参数
光标位置处数据置 0	OFF：0	
输入数据叠加在原值上	+ 输入	
输入数据	输入	

（6）用 I/O 设备输入参数。利用工具软件以文本形式制作名为"CNC-PARA. TXT"的参数文件。利用存储卡或者 RS-232C 等通信手段将参数传送到系统中。通常可以先将系统中的参数文件传送到计算机中，然后在此参数文件上修改后回传，参数传送的具体操作参考数据备份相关内容。

三、基本参数设定

（一）启动准备

当系统第一次通电时，需要进行全清处理（上电时，同时按 MDI 面板上的【RESET】+【DEL】）。

（1）全清后一般会出现如下报警：

100：参数可输入。参数写保护打开[设定（SETTING）画面第一项 PWE = 1]。

506/507：硬件超程报警。梯形图中没有处理硬件超程信号，设定 3004#5OTH 可消除。

417：伺服参数设定不正确，重新设定伺服参数，具体检查诊断 352 内容，根据内容查找相应的不正确的参数（见伺服参数说明书），并重新进行伺服参数初始化。

5136：FSSB 放大器数目少，放大器没有通电或者 FSSB 没有连接，或者放大器之间连接不正确，FSSB 设定没有完成或根本没有设定（如果需要系统不带电机调试时，把 1023 设定为 -1，屏蔽伺服电机，可消除 5136 报警）。

（2）根据需要，手动输入基本功能参数（8130～8135）。检查参数 8130 的设定是否正确（一般车床为 2，铣床为 3/4）。

（二）基本参数设定

系统基本参数设定可通过参数设定支援画面进行操作。参数设定支援画面是以下述目的进行参数设定和调整的画面。

（1）通过在机床启动时汇总需要进行最低限度设定的参数并予以显示，便于机床执行启动操作。

（2）通过简单显示伺服调整画面、主轴调整画面、加工参数调整画面，更便于进行机床的调整。参数设定支援画面显示方法通过以下步骤可显示该画面。

① 按下功能键【SYSTEM】后，按继续菜单键【＋】数次，显示软键【PRM 设定】。
② 按下软键【PRM 设定】，出现参数设定支援画面，如图 3.1.3 所示。

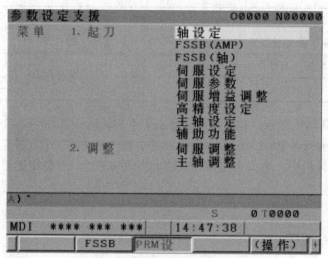

图 3.1.3　参数设定支援画面

（三）各项目概要

1. 启动项目

设定在启动机床时所需的最低限度的参数如表 3.1.4 所示。

表 3.1.4　启动项目参数

项目名称	内　容
轴设定	设定轴、主轴、坐标、进给速度、加减速参数等 CNC 参数
FSSB（AMP）	显示 FSSB 放大器设定画面
FSSB（轴）	显示 FSSB 轴设定画面
伺服设定	显示伺服设定画面
伺服参数	设定伺服的电流控制、速度控制、位置控制、反间隙加速的 CNC 参数
伺服增益调整	自动调整速度环增益
高精度设定	设定伺服的时间常数、自动加减速的 CNC 参数
主轴设定	显示主轴设定画面
辅助功能	设定 DI/DO、串行主轴等 CNC 参数

2. 调　整

调整显示用来调整伺服、主轴以及高速高精度加工的画面。调整项目如表 3.1.5 所示。

表 3.1.5　调整项目

项目名称	内　容
伺服调整	显示伺服调整画面
主轴调整	显示主轴调整画面
AICC 调整	显示加工参数调整（先行控制/AI 轮廓控制）画面

3. 初始化

（1）通过软键【初始化】，可以在对象项目内的所有参数中设定标准值。

① 初始化只可以执行如下项目：

a. 轴设定。

b. 伺服参数设定。

c. 高精度设定。

d. 辅助功能。

② 进行本操作时，为了确保安全，请在急停状态下进行。

③ 标准值是 FANUC 建议使用的值，无法按照用户需要个别设定标准值。

④ 本操作中，设定对象项目中的所有参数，也可以进行对象项目中各组的参数设定，或个别设定参数。

（2）在参数设定支援画面上，将光标指向要进行初始化的项目。按下软键【（操作）】，显示如图 3.1.4 所示的软键【初始化】。

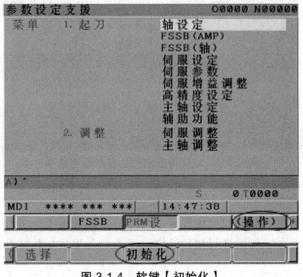

图 3.1.4　软键【初始化】

（3）按下软键【初始化】。软键按如下方式切换，显示警告信息"是否设定初始值？"，如图 3.1.5 所示。按下软键【执行】，设定所选项目的标准值。通过本操作，自动地将所选项中所包含的参数设定为标准值。不希望设定标准值时，按下软键【取消】，即可中止设定。另外，没有提供标准值的参数，不会被变更。

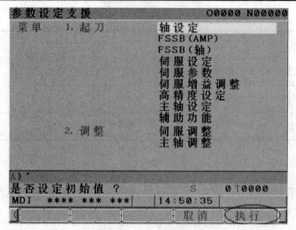

图 3.1.5　显示警告信息

（四）与轴设定相关的 NC 参数初始设定

进入参数设定支援画面，按下软键【（操作）】，将光标移动至"轴设定"处，按下软键【选择】，出现参数设定画面，如图 3.1.6 所示。此后的参数设定，就在该画面中进行。

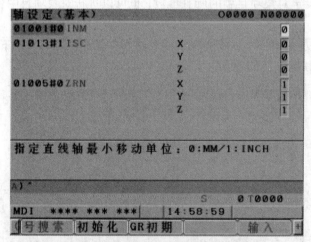

图 3.1.6　与轴设定相关的参数设定画面

1. 初始设定

在参数设定画面上进行参数的初始设定。在参数设定画面上，参数被分为几个组，并被显示在每组的连续页面上。每组进行初始设定，下面为各组的操作步骤。

（1）基本组。

① 标准值设定。

下面说明中的"设定值例"是指所有轴的设定单位为 IS-B（NO.1013#1 = "0"），且是公制输入（NO.0000#2 = "0"）的情形。下面进行基本组的参数标准设定。

a. 按下【PAGE UP】/【PAGE DOWN】键数次，显示出基本组画面，然后按下软键【GR初期】，如图 3.1.7 所示。

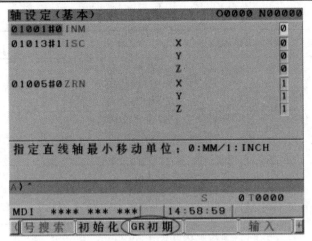

图 3.1.7　按下【GR 初期】

b. 画面上出现"是否设定初始值？"提示信息。

c. 按下软键【执行】，如图 3.1.8 所示。

图 3.1.8　按下【执行】

对于附加轴，设定下列参数，如表 3.1.6 所示。

表 3.1.6　基 本 参 数

基本组参数		初始值	含 义
1008#0	X	1	如果设为旋转轴，则该轴循环显示
	Z	1	
1008#2	X	1	如果设为旋转轴，则该轴按照参数 1260 所设的值只进行循环显示
	Z	1	
1020	X	88	第一轴名
	Z	90	第三轴名
1022	X	1	X 轴作为基本坐标系的第一轴
	Z	3	Z 轴作为基本坐标轴的第三轴
1023	X	1（-128）	分配给 X 轴的伺服轴号为 1，虚拟运行时为-128
	Z	2（-128）	分配给 Z 轴的伺服轴号为 2，虚拟运行时为-128
1829	X	500	X 轴停止时的位置偏差极限
	Z	500	Z 轴停止时的位置偏差极限

② 非标准值设定。

没有标准值的参数设定要移动到未设定标准值，需要手动进行参数设定。当输入参数号，按【搜索】键时，光标就在指定的参数处。需要自设定的参数如表 3.1.7 所示。

表 3.1.7　需要自设定的参数

基本参数	含　义
1001#0	直线轴的最小移动单位： 0：公制系统（公制机床系统） 1：英制系统（英制机床系统）
1013#1	设定单位、最小移动单位： 0：IS-B 1：IS-C
1005#1	无挡块参考点返回： 0：无效 1：有效
1006#0	直线轴或回转轴： 0：直线轴 1：回转轴
1006#3	各轴的移动指令为： 0：半径指令 1：直径指令
1006#5	手动返回参考点方向为： 0：正方向 1：负方向
1815#1	是否使用外置脉冲编码器： 0：不使用 1：使用
1815#4	机械位置和绝对位置检测器的位置对应： 0：尚未结束 1：已经结束
1815#5	位置检测器为： 0：非绝对位置检测器 1：绝对位置检测器
1825	设定值5 000：伺服位置环增益
1826	设定值10：到位宽度
1828	设定值7 000：移动中位置偏差极限值
1829	设定值500：停止时位置偏差极限值

（2）主轴组。

① 标准值设定。

进行主轴组的参数标准值的设定，以与基本组的标准值设定相同的步骤进行设定。

② 非标准值的参数设定。

对主轴电机的种类参数进行设定，如表 3.1.8 所示。

表 3.1.8　主轴电机的种类参数

参　数	含　义
3716#0	主轴电机的种类为： 0：模拟电机 1：串行主轴

（3）坐标组。

① 标准值设定。

进行坐标组的参数标准值的设定，以与基本组的标准值设定相同的步骤进行设定。

② 非标准值的参数设定。

非标准值的参数设定如表 3.1.9 所示。

表 3.1.9　设定参数内容

参　数	含　义	类　型	数据单位
1240	第 1 参考点的机械坐标	各轴	设定单位
1241	第 2 参考点的机械坐标	各轴	设定单位
1320	存储行程检测 1 的正向边界的坐标值	各轴	设定单位
1321	存储行程检测 1 的负向边界的坐标值	各轴	设定单位

（4）进给速度组。

① 标准值设定。

进行进给速度的参数标准值的设定，以与基本组的标准值设定相同的步骤进行设定。

② 非标准值的参数设定。

非标准值的参数设定如表 3.1.10 所示。

表 3.1.10　设定参数内容

参　数	设定值例	含　义	类　型
1410	1000	空运行速度	所有轴
1420	8000	快速移动速度	各轴
1421	1000	快速移动速度倍率中的 F0 速度	各轴
1423	1000	JOG 进给速度	各轴
1424	5000	手动快速移动速度	各轴
1425	150	返回参考点时的 FL 速度	各轴
1428	5000	返回参考点速度	各轴
1430	3000	最大切削进给速度	各轴

（5）进给控制组。

设定切削进给、空运行、JOG 进给时的加减速的类型。设定参数如表 3.1.11 所示。

表 3.1.11　设定参数内容

参　　数	设定值例	含　　义	类　　型
1610#0		切削进给、空运行的加减速为： 0：指数函数型加减速 1：插补后直线加减速	各轴
1610#4		JOG 进给的加减速为： 0：指数函数型加减速 1：与切削进给相同的加减速	各轴
1620	100	快速移动的直线型加减速时间常数	各轴
1622	32	切削进给的加减速时间常数	各轴
1623	0	切削进给插补后加减速的 FL 速度	各轴
1624	100	JOG 进给的加减速时间常数	各轴
1625	0	JOG 进给的指数函数型加减速的 FL 速度	各轴

与轴设定相关的 NC 参数的初始设定结束，断开 NC 的电源，然后再接通，参数功能才生效。

注意：要移动伺服轴时，除了上面的参数设定外，还需要设定下面的信号，如表 3.1.12 所示。有关各信号的详情，请参阅连接说明书（功能篇）。另外，还必须设定参数（#3716），取消 CNC 对主轴电机的控制。

表 3.1.12　设定信号内容

地　　址	符　　号	信 号 名 称
G8.0	*IT	所有轴互锁信号
G8.4	*ESP	紧急停止信号
G8.5	*SP	自动运行停止信号
G10，G11	*JV	手动进给速度倍率信号
G12	*FV	进给速度倍率信号
G114	*＋L1～*＋L5	硬件超程信号
G116	*-L1～*-L5	硬件超程信号
G130	*IT1～*IT5	各轴互锁信号

（五）与轴设定相关的 NC 参数

下面为与轴设定相关的 NC 参数，如表 3.1.13～3.1.16 所示。有关各参数的详情，请参阅参数说明书。

表 3.1.13 与基本相关的 NC 参数

组	参数号	简要说明	
基 本	1001#0	直线轴的最小移动单位： 0：公制机械系统 1：英制机械系统	
	1013#1	设定最小设定单位（指令单位）： 0：IS-B 1：IS-C	
	1005#1	无挡块参考点返回： 0：无效（各轴） 1：有效（各轴）	
	1006#0	直线轴和回转轴的设定： 0：直线轴 1：回转轴	
	1006#3	各轴移动量指令的设定： 0：半径指定 1：直径指定	
	1006#5	各轴参考点返回方向： 0：正向 1：负向	
	1008#0	回转轴 360°循环显示功能： 0：无效 1：有效	
	1008#2	是否以旋转一转轴的移动量来圆整相对坐标： 0：不予圆整 1：予以圆整	
	1020	各轴的程序名称	
	1022	各轴在基本坐标系中的属性	
	1023	各轴的伺服轴号	M 系列： X（88），Y（89），Z（90） T 系列： X（88），Z（90） M 系列：1，2，3 T 系列：1，3 从开头的轴数起为 1，2，3，…
	1815#1	是否使用分离型脉冲编码器： 0：不使用 1：使用	
	1815#4	机械位置和绝对位置检器的位置对应： 0：尚未结束 1：已经结束	
	1815#5	位置检测器为： 0：增量位置检测器 1：绝对位置检测器	
	1825	各轴伺服位置环增益	
	1826	各轴的到位宽度	
	1828	各轴的移动中位置偏差极限值	
	1829	各轴的停止时位置偏差极限值 500	

表 3.1.14　与坐标相关的 NC 参数

组	参数号	简要说明
坐	1240	各轴的第 1 参考点的机械坐标
	1241	各轴的第 2 参考点的机械坐标
	1260	回转轴每旋转一轴的移动量
标	1320	存储行程检测 1 的正向边界坐标值
	1321	存储行程检测 1 的负向边界坐标值

进给速度与机床的结构有很大的关系，故进给速度组参数都是非标准值，按表 3.1.15 参数设置。

表 3.1.15　与进给速度相关的 NC 参数

组	参数号	简要说明
进给速度	1401#6	在快速移动指令中空运行： 0：无效 1：有效
	1410	空运行速度
	1420	每个轴的快速移动速度
	1421	每个轴的快速移动倍率中的 F0 速度
	1423	每个轴的 JOG 进给速度
	1424	每个轴的手动快速移动速度
	1425	每个轴的返回参考点时的 FL 速度
	1428	每个轴的返回参考点速度
	1430	每个轴的最高切削进给速度

表 3.1.16　与进给加/减速相关的 NC 参数

组	参数号	简要说明
加/减速	1610#0	切削进给、空运行的加减速为： 0：指数函数型加减速 1：直线型加减速
	1610#4	JOG 进给的加减速为： 0：指数函数型加减速 1：直线型加减速
	1620	每个轴的快速移动的直线型加减速时间常数
	1622	每个轴的切削进给的直线型加减速时间常数
	1623	切削进给插补后加减速的 FL 速度
	1624	每个轴的 JOG 进给的直线型加减速时间常数
	1625	每个轴的 JOG 进给的指数函数型加减速的 FL 速度

以上参数设定完成后，重新上电，参数设定完成。

【实战演练】

根据实验室现有设备情况设定相关参数，完成 FANUC CNC 系统的功能。

1. 记录设备规格参数（见表 3.1.17）

表 3.1.17　设　备　规　格

名　　称	内　　容
轴　　名	
电机转 1 转工作台移动量	
快移速度	
设定单位	
检测单位	

2. 参数全清，记录报警号及处理方案（见表 3.1.18）

表 3.1.18　报警号及处理方案

报警号	处理方案	
	原因	
	解决途径	
	原因	
	解决途径	
	原因	
	解决途径	
	原因	
	解决途径	
	原因	
	解决途径	

3. 进行轴基本参数设定（见表 3.1.19）

表 3.1.19　轴基本参数设定

基本轴参数	轴　号	设定值	含　　义
1008#0			
1008#2			
1829			

4. 进行轴进给速度组参数设定（见表 3.1.20）

表 3.1.20　轴进给速度组参数设定

进给速度组参数	轴 号	设定值	含 义
1410			
1420			
1423			

5. 重启系统

参数设定完毕，重新启动系统。

6. JOG 方式下运行

将操作方式切换为 JOG 方式，运行各轴，记录 FANUC CNC 系统与伺服状态。

表 3.1.21　FANUC CNC 系统与伺服状态

设 备	轴 号	动 作	运行状态	
			系统状态	伺服电机状态
FANUC CNC 系统（车床：X/Z 轴）	X	JOG 方式单击 X	坐标变化：	
	Y	JOG 方式单击 Y	坐标变化：	
	Z	JOG 方式单击 Z	坐标变化：	

任务二　数控系统 FS-0iC/D 的进给参数设定

【工作内容】

（1）进行伺服参数的初始化设定。

（2）进行 FSSB 参数设置。

（3）进行参考点和行程的参数设定。

（4）进行螺距误差补偿值的设定。

【知识链接】

一、FSSB 参数设置

1. FSSB 定义

FSSB 是 FANUC Serial Servo Bus（FANUC 串行伺服总线）的缩写。FANUC 数控系统通过光缆将 CNC 和伺服放大器以及分离型检测器进行连接和高速信息交换。信息包括移动指令、半闭环反馈、全闭环反馈、部件故障报警、准备好等信息。采用 FSSB 连接可大幅减少机床的电气安装部分所需的电缆。

2. FSSB 参数设置的作用

在 FSSB 硬件连接的基础上，通过 FSSB 参数设定，可以建立主控器（CNC 控制器）与从控器（伺服放大器、分离型检测器等）之间的主从对应关系。

3. FSSB 连接组成

通过 FSSB，主控器（CNC 控制器）和从控器（伺服放大器、分离型检测器等）用光缆连接起来。FSSB 物理连接很有规律，都是从 CNC 的 COP10A 连接至下一个从控器的 COP10B，从下一个从控器的 COP10A 连接至再下一个从控器的 COP10B，依此类推。图 3.2.1 是一个四轴加工中心的 FSSB 物理连接示意图。从图 3.2.1 可以看出，CNC 利用一根光缆连接至第一个伺服放大器，从第一个放大器 COP10A 连接至下一个 COP10B，依此类推，从而简化了硬件连接。

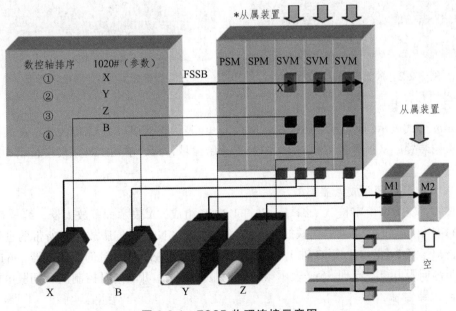

图 3.2.1　FSSB 物理连接示意图

4. FSSB 设定基本步骤

FSSB 可以自动设定，也可以手工设定，若没有特殊使用要求，一般采用自动设定方法。

（1）将系统参数 1902#0 和参数 1902#1 设定为 0，执行 FSSB 自动设定，系统需断电再重新上电，才能完成 FSSB 自动设定过程。系统参数 1902#0 设定为 0，表示执行自动设定，自动设定完成后，1902#1 应为 1，表示自动设定完成。若 1902#1 结果为 0，表示系统还没有完成 FSSB 自动设定。

（2）FSSB 设定页面中显示了基于 FSSB 的伺服放大器和轴的信息，此外，也可以设定伺服放大器和轴的信息。

① 按下功能键 ▣。

② 继续按软键数次，显示菜单【FSSB】。

③ 单击【FSSB】，切换到放大器设定页面。FSSB 设定页面包含 3 个页面：放大器设定页面、轴设定页面、放大器维修页面。单击【放大器】时，切换到放大器设定页面；单击【轴】时，切换到轴设定页面；单击【维修】时，切换到放大器维修页面。

④ 放大器设定页面。

在放大器设定页面中，各从控装置的信息分放大器和外置检测器接口单元显示，可通过翻页键切换页面。放大器设定页面如图 3.2.2 和图 3.2.3 所示，显示如下项目。

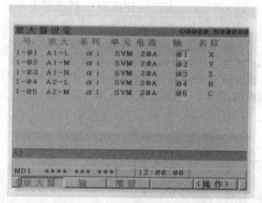

图 3.2.2　放大器设定页面 1

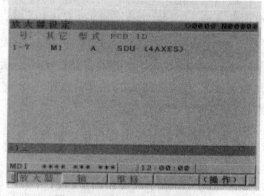

图 3.2.3　放大器设定页面 2

a. 号：从控装置编号。

用 *n-m* 形式表示，即表示 FSSB 的通道号，$n = 1$ 表示连接接口为 COP10A-1；*m* 表示 FSSB 连接的从控装置，从最靠近 CNC 的从控装置开始编号，每个 FSSB 线路最多显示 10 个从控装置。

b. 放大：显示伺服放大器类型。

伺服放大器类型由字符 A + 编号 + 字符 L/M/N 组成，A 表示伺服放大器，编号表示伺服放大器的编号，离 CNC 最近的伺服放大器编号为 1，L/M/N 表示伺服放大器所带的进给轴（L：第 1 轴；M：第 2 轴；N：第 3 轴）。在图 3.2.2 中，A1 表示第一台伺服放大器，A1 可以同时控制 3 台伺服电机。同理，A2 表示第二台伺服放大器，可以同时控制两台伺服电机。

c. 放大器信息。

放大器设定页面中显示的伺服放大器信息主要包括下列项目。

系列：伺服放大器系列，如 αi 系列、βi 系列等。

单元：伺服放大器单元的种类。

电流：最大电流值。

伺服放大器信息是系统自动辨认的。

d. 轴：控制轴号。

显示的控制轴号与系统参数 1023 中设定的控制轴号相对应，是由 FSSB 自动找到的。

e. 名称：控制轴名称。

表示对应于控制轴号的轴名称，在参数 1020 中设定。控制轴号为 0 时，显示 "-"。

f. 放大器设定页面中显示的外置检测器接口单元信息如图 3.2.3 所示。若 FSSB 连接正确，系统自动显示下列项目的信息。

g. 其他：在表示外置检测器接口单元的开头字母 "M" 之后，显示从靠近 CNC 一侧开始编号的外置检测器接口单元编号。在图 3.2.3 中，M1 表示靠近 CNC 一侧第一个分离型检测器。

h. 形式：外置检测器接口单元的形式，以字母予以显示。

I. PCB ID：若连接外置检测器接口单元（8 轴），在外置检测器接口单元的 ID 处就显示 "SDU（8AXES）"；若连接外置检测器接口单元（4 轴），在外置检测器接口单元的 ID 处就显示 "SDU（4AXES）"。

若图 3.2.2 显示的伺服放大器与轴的对应关系符合设计要求，就不需要修改；若要重新设置伺服放大器和轴的对应关系，则可以在放大器设定页面中修改。

⑤ 轴设定页面。

轴设定页面中显示轴信息。轴设定页面如图 3.2.4 所示。

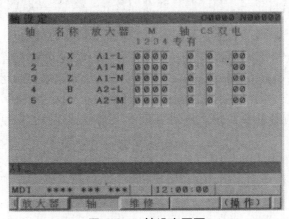

图 3.2.4　轴设定页面

轴设定页面中显示如下项目。

a. 轴：控制轴号按照 CNC 连接的控制轴顺序显示。

b. 名称：控制轴名称。

c. 放大器：连接在每个轴上的伺服放大器类型。

d. M1～M4：若使用外置检测器接口单元（M1～M4）作为位置反馈装置的伺服轴，需要设置对应的连接器号，即设置伺服轴的位置反馈具体连接哪一个连接器。若没有使用外置检测器接口单元的伺服轴，显示为 0。使用外置检测器接口单元的伺服轴，还需设定参数 1815#1 = 1。

　　e. 轴专有：设置一个 DSP 进行 HRV3 控制的最大轴数，为 0 时，表示没有限制。

　　f. CS：若把主轴设置成伺服轴控制，称为 CS 轮廓控制轴，则在 CS 处设置主轴号（1 或 2）。若没有 CS 轮廓控制轴，CS 处设置为 0。

　　g. 双电：在坐标轴上安装两个伺服电机，使得该方向上移动转矩倍增，成为双电控制。将安装两个伺服电机的轴设置为串联运动控制，主控轴设置为奇数，从控轴设置为偶数。若不使用双电控制，设置为 0。

　　⑥ 在 FSSB 设定页面（放大器维护页面除外）中，单击【（操作）】键，结果如图 3.2.5 所示。输入数据时，设定为 MDI 方式或者紧急停止状态，使光标移动到输入项目位置，输入数据后单击【输入】。

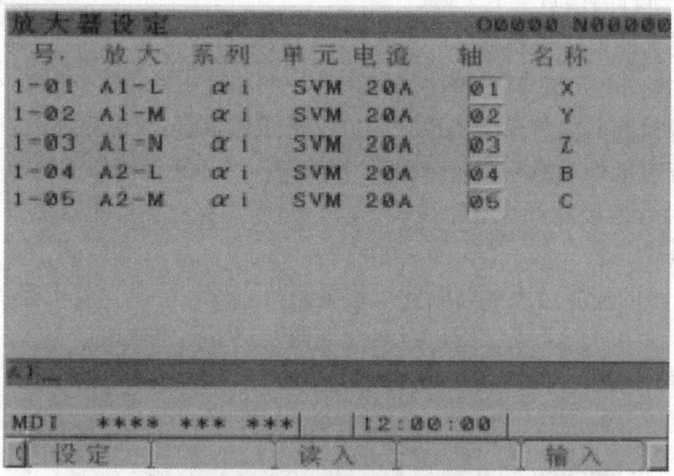

图 3.2.5　放大器设定页面

　　在放大器设定页面中可以设定轴号。如图 3.2.5 所示，若想光缆连接位置不变，但连接伺服电机功能定义变更，只要在轴的一栏改变序号即可。如原来初始化后 A1-L 对应 X 轴，A1-M 对应 Y 轴，现在要使 A1-L 对应 Y 轴，A1-M 对应 X 轴，只要在 A1-L 对应的轴参数处设定 02，在 A1-M 对应的轴参数处设定 01 即可，不需要物理改变接线。有时利用比较法维修时采用此方法。

　　⑦ 轴设定页面。单击【轴】，再单击【（操作）】，轴设定页面如图 3.2.4 所示。

　　半闭环伺服控制系统一般不用设定图 3.2.4 所示的参数，将参数设为 0 即可。全闭环伺服控制系统应根据用于外置检测器接口单元的连接器号进行设定。

　　⑧ 根据显示屏信息提示，断电再上电才能使参数设置生效。

二、伺服参数的初始化设定

（一）伺服参数设置的作用

FANUC 数控系统适合控制多种规格的伺服电机，伺服电机转矩不同，机床规格不同，伺服电机的参数也不同。为了使 FANUC 数控系统适应具体的伺服电机控制，机床制造商必须进行伺服电机参数设置。

伺服参数有好几百个，涉及大量的现代控制理论。伺服驱动器和伺服电机制造厂家通过大量实验和测试获得伺服参数，并存放在 FLASH ROM 中，通过伺服参数设定的引导，把 FLASH ROM 中的参数传送到伺服放大器中，即伺服参数初始化。可以通过伺服参数初始化和调整，把机床信息和伺服电机信息提供给数控系统，数控系统才能"个性化"地更好地控制伺服电机，满足机床制造商的设计要求。

（二）伺服参数初始化设定的页面介绍

在 MDI 方式下，按下急停按键，再按下功能键 ![OFS/SET]，再单击【设定】，选择设定页面，确认"写参数 = 1"。

设置参数 3111#0 为 1 时（设 1 后应关机，再开机），允许显示伺服参数初始化设定页面和伺服参数调整页面。参数 3111 格式如表 3.2.1 所示。

表 3.2.1　参数 3111

参数	#7	#6	#5	#4	#3	#2	#1	#0
3111								SVS

SVS 表示允许显示伺服参数初始化设定页面和伺服参数调整页面。

0 表示不允许显示。

1 表示允许显示。

显示伺服参数初始化设定页面的操作步骤为：按功能键 ![SYSTEM] 和软键【 + 】、【SV 设定】。

伺服参数初始化设定页面与参数对应关系如图 3.2.6 所示。与调试伺服电机有关的基本参数都在图 3.2.6 所示的页面中设定。

（三）伺服参数的主要内容

FANUC 数控系统中伺服参数是很丰富的，具体的伺服参数可以参考伺服电机参数手册，αi 系列和 βi 系列伺服电机参数可以参考 FANUC AC SERVO MOTOR αi SERIES/βi SERIES 参数说明书（B-65270CM），这里仅介绍参数初始化和微小调整使用的一些参数。

1. 初始化设定位

在图 3.2.6 所示的伺服参数初始化页面中，"初始化设定位"参数栏主要把该处参数设为 0，断电后再上电，就可以把伺服参数初始化页面中设置的参数进行初始化，即把伺服电机代码相应的基本参数从 FLASH ROM 传给 SRAM；也可以从参数 2000 开始进行初始化，令参数 2000#1 = 0，进行数字伺服参数初始化设定。若设置参数没问题，初始化成功，参数 2000#3 自动设为 1。

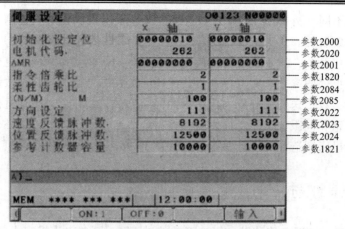

图 3.2.6　伺服参数初始化设定页面与参数对应图

2. 伺服电机代码

FANUC 数控系统 FLASH ROM 中存放有很多种伺服电机数据，要想从数控系统 FLASH ROM 中找出一种适合具体情况的伺服电机参数写到 SRAM 中，只有机床制造商在调试时把具体的伺服电机规格相应的代码设置到 SRAM 中，在每次系统上电时，数控系统自动把 FLASH ROM 中对应的伺服电机参数写到 SRAM 中来控制伺服电机。常见伺服电机规格一览表如表 3.2.2 所示，其余伺服电机代码可以参阅 αi 系列和 βi 系列伺服放大器手册。

表 3.2.2　常见伺服电机规格一览表（HRV2）

电机型号	电机订货号	驱动器最大电流	电机代码
$\alpha is4/4000$	0223	40 A	273
$\alpha is8/3000$	0227	40 A	277
$\alpha is12/3000$	0243	80 A	293
$\alpha is22/3000$	0247	80 A	297
$\beta is4/4000$	0063	20 A	256
$\beta is8/3000$	0075	20 A	258
$\beta is8/3000$	0075	40 A	259
$\beta is12/2000$	0078	40 A	269
$\beta is12/3000$	0078	40 A	272
$\beta is22/2000$	0085	40 A	274

3. AMR

该参数等同于参数 2001，一般设为 00000000。

4. 指令倍乘比（CMR）

该参数等同于参数 1820，通常情况下，指令单位 = 检测单位（CMR = 1），设定值 = 2*CMR，因此，该值设为 2。

5. 柔性齿轮比

参数 2084 对应柔性齿轮比分子 N，参数 2085 对应柔性齿轮比分母 M，N/M = 伺服电机转 1 转所需位置反馈脉冲数/106。

柔性齿轮比 N/M 的设定如表 3.2.3 所示。

表 3.2.3　柔性齿轮比 N/M 的设定表

电机转 1 转机床的移动量	柔性齿轮比（精度为 1/1 000 mm）
6 mm	N/M = 6 000/1 000 000 = 3/500
8 mm	N/M = 8 000/1 000 000 = 1/125
10 mm	N/M = 1 000/1 000 000 = 1/100

从表 3.2.3 中可以看出，当设计精度为 1/1 000 mm = 1 μm 时，要使伺服电机转 1 转机床移动 10 mm，即要求伺服电机转 1 转所需位置反馈脉冲数为 10 000，调试时应设定参数 N = 1，M = 100。

通过上述介绍可以看出，当机床制造商制造机床时，滚珠丝杠的导程（螺距）是不一样的，要想达到一般设计指标，如精度为 1 μm，只要根据 FANUC 数控系统提供的计算依据 N/M，把计算的值分别填入参数 2084 和参数 2085 即可，最终由数控系统计算精度和位置反馈脉冲数之间的关系。βi 系列伺服电机的设定与 αi 系列伺服电机是一样的。若柔性进给齿轮比设置错误，就不能运行出合格的位移。

6. 方向设定

将伺服电机安装在机床上，运行伺服电机，发现伺服电机通过滚珠丝杠带动滑台移动的方向不符合设计需求，可以通过改变"方向设定"栏的设定来达到改变伺服电机运行方向的目的。在伺服参数初始化设定页面设定"方向设定"等同于在参数 2022 中设定，正方向为 111，反方向为-111。伺服电机不能通过改变任意两根导线来达到改变伺服电机运行方向的目的，必须通过改变伺服参数才能达到改变方向的目的。若该参数设置的不是 111 和-111，则数控系统产生报警 SV0417。

7. 速度反馈脉冲数和位置反馈脉冲数

速度反馈脉冲数和位置反馈脉冲数设定如表 3.2.4 所示。

表 3.2.4　速度反馈脉冲数和位置反馈脉冲数设定

	半闭环	全闭环		
		并行型	串行光栅尺	串行旋转光栅尺
指令单位/μm	1 或 0.1	1 或 0.1	1 或 0.1	1 或 0.1
初始化设定位	2000#0 = 0	2000#0 = 0	2000#0 = 0	2000#0 = 0
速度反馈脉冲数	8 192	8 192	8 192	8 192
位置反馈脉冲数	12 500	实际反馈脉冲数	实际反馈脉冲数	实际反馈脉冲数

在一般机床中，伺服控制系统都是半闭环，所以速度反馈脉冲数和位置反馈脉冲数分别设为 8 192 和 12 500，对应的参数为参数 2023 和参数 2024。

8. 参考计数器容量

在伺服参数初始化页面中设定参考计数器容量对应参数 1821。参考计数器主要用于栅格方式返回参考点，参考计数器容量设定值指伺服电机转 1 转所需的（位置反馈）脉冲数。例如，滚珠丝杠螺距为 10 mm，伺服电机转 1 转，工作台移动 10 mm，折算成位置反馈脉冲数等于 10 000（10 × 1 000），所以参考计数器容量设定值等于 10 000 即可。

参数设置完成后，根据提示，将 CNC 电源关闭，然后再接通，就完成了伺服参数初始化。从维修角度来讲，一般不需要伺服参数初始化，只有在维修中更换了不同的伺服电机或机械部分功能作了变更时，才需要伺服参数初始化。

三、参考点和行程的参数设定

（一）数控机床返回参考点的意义

数控机床要实现在固定点交换刀具以及机床停机在固定点，实现自动加工，必须知道坐标位移计算的依据，即在数控机床上必须建立机床坐标系，确定机床原点。数控系统可以通过返回数控机床参考点来确定机床原点。为了说明这一过程的工作原理，首先要掌握 3 个基本概念，即机床参考点、机床原点、电气参考点。以车床为例，三者之间的关系如图 3.2.7 所示。

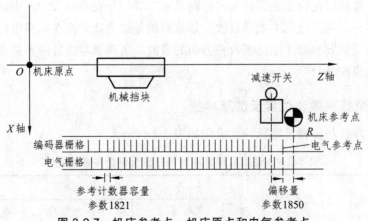

图 3.2.7　机床参考点、机床原点和电气参考点

1. 机床原点

机床原点是机床坐标系的基准点，机械零部件一旦装配完毕，机床原点随即确定。机床原点由机床厂家设定，如图 3.2.7 所示的 O 点。

2. 机床参考点

机床参考点又名参考点或零点，与电气参考点相重合，如图 3.2.7 所示的 R 点为机床参考点。

3. 电气参考点

电气参考点是由机床使用的检测反馈元件发出的栅格信号或零标志信号确立的参考点。电气参考点一般与机床参考点是重合的，根据用户需要，电气参考点可以偏移机床参考点，偏移量可以通过参数设定。在 FANUC 数控系统中，偏移量在参数 1850 中设定。

从严格意义上讲，数控机床返回参考点是返回电气参考点。实际返回参考点是通过系统得到减速开关信号后，再检测伺服电机编码器栅格信号，栅格就是电气参考点。若希望机床参考点不在此点，则可以通过参数 1850 进行偏移。

以 FANUC 数控系统为例，数控机床返回到机床参考点 R，其坐标值在参数 1240 中设定，即在参数 1240 中设定 R 点在机床坐标系中的坐标值，数控系统就间接知道机床原点了。

（二）返回参考点类型

按机床检测元件检测参考点信号方式的不同，返回机床参考点的方式有两种：一种为磁开关方式；另一种为栅格方式。

1. 磁开关方式

在机械本体上安装磁铁及磁感应原点开关，当磁感应原点开关检测到原点信号后，伺服电机立即停止，该停止点被认作原点，其特点是软件和硬件简单，但原点位置随着伺服电机速度的变化而成比例地漂移，即原点不确定。磁开关方式由于存在定位漂移现象，较少使用。

2. 栅格方式

在栅格方式中，检测反馈元件随着伺服电机一转信号同时产生一个栅格信号或一个零标志信号，如图 3.2.7 所示。在机械本体上安装一个机械挡块及一个减速开关后，数控系统检测到的第一个栅格信号或零标志信号即为参考点。

栅格方式根据检测反馈元件测量方法的不同又可分为绝对式编码器栅格方式和增量式编码器栅格方式。

（1）绝对式编码器栅格方式。

采用绝对式编码器进行位置检测的机床，机床调试前第一次开机后，通过参数设置使机床返回参考点，操作调整到合适的参考点后，只要绝对式编码器的后备电池有效，再开机时，不必进行返回参考点操作。

（2）增量式编码器栅格方式。

采用增量式编码器进行位置检测的机床，因为增量式编码器位置检测装置在断电时会失去对机床坐标值的记忆，所以每次机床通电时都要进行返回参考点操作。

在使用增量式编码器的系统中，返回参考点有两种模式：

① 开机后，各轴手动退回参考点，每一次开机后都要进行手动返回参考点操作。

② 在自动方式下用 G 代码指令返回参考点。以 FANUC 数控系统为例，在自动加工程序中，编制 027、028 或 029 等指令来返回参考点。

在维修与返回参考点有关的故障时，首先要知道该数控设备属于哪一种返回参考点方式。

（三）返回参考点过程

返回参考点过程必须根据数控系统提供的技术资料进行操作以及设置相关参数。本书以 FANUC 数控系统为例介绍返回参考点的过程。

FANUC 数控系统返回参考点的控制方式有以下几种：一是增量式编码器返回参考点；二是绝对式编码器返回参考点；三是附带绝对地址参照标记的直线尺返回参考点；四是撞块式返回参考点等。

本书主要介绍增量式编码器返回参考点和绝对式编码器返回参考点，其他方式返回参考点过程可以参考连接说明书（功能篇）（B-64303CM-1）。

1. 增量式编码器返回参考点

以增量式编码器作为检测反馈元件的机床，其返回参考点方式又分为以下两种。

（1）有挡块返回参考点方式。

① 有挡块返回参考点功能。

本功能是用手动或自动方式使机床可移动部件按照各轴规定的方向移动，工作台快速接近参考点，经减速开关减速后，低速返回参考点。参考点由检测反馈元件的栅格信号或零标志信号所决定的栅格位置来确定。

② 与返回参考点有关的信号。

与返回参考点有关的信号如表 3.2.5 所示。

表 3.2.5　与返回参考点有关的信号

序　号	信号含义	信号地址	信号符号	备　注
1	手动返回参考点选择信号	G43.7	ZRN	G43.0 = 1，G43.2 = 1
2	返回参考点硬件减速信号	X9.0 ~ X9.4	*DECn（n = 1 ~ 5）	
3	返回参考点结束信号	F94.0 ~ F94.4	ZPn（n = 1 ~ 5）	
4	移动轴和移动方向的选择（+/-）	G100.0 ~ G100.4 或 G102.0 ~ G102.4	（+/-）Jn（n = 1 ~ 5）	
5	快速速度倍率	G14.1、G14.0	R0 V1、R0 V2	
6	手动速度倍率	G10、G11	*JV0 ~ *JV15	
7	参考点建立信号	F120.0 ~ F120.4	ZRF1 ~ ZRF5	
8	手动返回参考点选择确认信号	F4.5	MREF	

③ 与返回参考点有关的参数。

与返回参考点有关的参数如表 3.2.6 所示。

表 3.2.6　与返回参考点有关的参数

参　数	#7	#6	#5	#4	#3	#2	#1	#0
1005							DLZ	
1006			ZMI					
3003			DEC					
1420	每个轴的快速移动速度（mm/min）							
1423	每个轴的 JOG 进给速度（mm/min）							
1424	每个轴的手动快速移动速度（mm/min）							
1425	每个轴的手动返回参考点的 FL 速度（mm/min）							
1428	每个轴的返回参考点速度（mm/min）							
1850	每个轴的栅格偏移量/参考点偏移量（检测单位）							

在表 3.2.6 中，参数 1005#1 = 0 为有挡块返回参考点方式；参数 1005#1 = 1 为无挡块返回参考点方式。参数 1006#5 = 0 为正方向返回参考点；参数 1006#5 = 1 为反方向返回参考点。参数 3003#5 = 0 表示减速信号为 0 有效，即减速开关为动断开关。

④ 返回参考点的动作。

选择 JOG 进给方式，将信号 ZRN（G43.7）置为 1，然后选择返回参考点方向，机床可移动部件就会以快速移动速度移动。当碰上减速开关，返回参考点硬件减速信号（*DECn）为 0 时，移动速度减速，然后以一定的低速持续移动。此后离开减速开关，返回参考点硬件减速信号再次变为 1，可移动部件停止在第一个电气栅格位置上，返回参考点结束信号 ZPn 变为 1。各轴返回参考点的方向可分别设定。一旦返回参考点结束，返回参考点结束信号（ZPn）为 1 的坐标轴，在信号 ZRN 变为 0 之前，JOG 进给无效。以上动作时序图（以 + J1 轴为例）如图 3.2.8 所示。

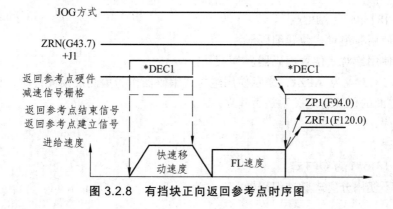

图 3.2.8　有挡块正向返回参考点时序图

该时序图的应用有几个条件：参数 1006#5 = 0，设置为正方向返回参考点；减速信号有效参数 3003#5 = 0，设置为 0 有效；减速信号接动断开关。当然也可以把参数设置成反方向返回参考点。

（2）无挡块返回参考点方式。

FANUC 数控系统也允许把参数 1005#1 设为 1，为无挡块返回参考点方式，也就是不需要减速开关也能返回参考点。无挡块返回参考点方式使用方便，进给轴方向选择正、反都可以，但每次开机返回参考点位置都不一样，若加工中以参考点的位置为计算依据，每次返回参考点后都必须重新操作和计算。详细方法可以参考连接说明书（功能篇）（B-64303CM-1）。

2. 绝对式编码器返回参考点

（1）绝对式编码器返回参考点功能。

在带有绝对式编码器的情况下，返回参考点后，一度设定好的参考点即使在切断电源的情况下仍将被保存起来，所以在下次通电时，无需进行参考点设定。断电后，绝对式编码器中的机床位置数据保存在电机编码器 SRAM 中，并通过伺服放大器上的电池来保持电机编码器 SRAM 中的数据。绝对式编码器可以是伺服电机内装编码器、外接独立编码器以及光栅尺。

现在 αi 和 βi 系列伺服电机具有绝对式编码器功能，保存编码器中的机床位置数据的电池是放置在伺服放大器上的，通过反馈电缆连接到伺服电机的绝对式编码器上，因此，当更换伺服放大器和伺服电机或更换反馈电缆时，都有可能使电池与绝对式编码器脱开，这时绝对式编码器 SRAM 中的数据丢失，在开机后会出现 DS0300 报警，需要重新建立参考点。

（2）与返回参考点有关的信号。

与返回参考点有关的信号可参考表 3.2.5，只是不包括其中的返回参考点硬件减速信号（必须设置参数 1005#1 = 1，因为这是无挡块返回参考点方式）。

（3）与返回参考点有关的参数。

与绝对式编码器返回参考点有关的参数可参考表 3.2.6，除表 3.2.6 所示的参数外，还包括参数 1815，如表 3.2.7 所示。

表 3.2.7　与绝对式编码器返回参考点有关的部分参数

参　数	#7	#6	#5	#4	#3	#2	#1	#0
1815			APCx	APZx			OPTx	

① 参数 1815#5 为 APCx。

0：表示使用非绝对式位置编码器。

1：表示使用绝对式位置编码器。

② 参数 1815#4 为 APZx，表示使用绝对式编码器作为检测反馈元件时，机床位置与绝对式编码器之间的位置对应关系是否建立。

0：尚未建立。

1：已经建立。

③ 参数 1815#1 为 OPTx。

0：表示不使用分离式脉冲编码器。

1：表示使用分离式脉冲编码器。

使用带有参考标记的直线尺或者带有绝对地址原点的直线尺（全闭环系统）时，将参数 1815#1 设定为 1。设置完参数 1815 后，系统显示页面有 DS0300 报警。

（4）返回参考点过程。

① 设定返回参考点参数。在 JOG 方式下，选择带有绝对式编码器的进给轴，转动 1 转以上断电，稍后再给系统通电。此时，在 JOG 方式下，移动伺服电机方向不受限制。转动 1 转以上是为了使系统在绝对式编码器内检测到 1 转信号。

② 在 JOG 方式下，操作选择的轴移动到靠近参考点的位置。

③ 选择返回参考点方式，按进给轴方向按键【＋】或【－】（＋Jn/-Jn），工作台以低速（FL 速度）向下一个栅格位置移动，当到达栅格位置后，系统返回参考点完成，产生 ZPn 信号，轴移动停止，该位置就是机床参考点，该位置数据由电池保护在绝对式编码器的 SRAM 中，即使断开外围机床电源后也不会丢失。

绝对式编码器返回参考点时序图如图 3.2.9 所示，图中是以第一进给轴为例。在 JOG 方式下，使移动部件移至图 3.2.9 中的 P 点位置，重复上述步骤②、③，返回参考点完成，设定返回参考点参数移动部件定位在栅格。

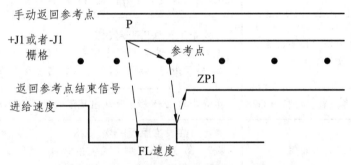

图 3.2.9　绝对式编码器返回参考点时序图

（四）返回参考点常见故障

从前面介绍的返回参考点有关知识可以看出，FANUC 数控系统返回参考点功能和方法是比较多的，要维修与返回参考点有关的故障，必须了解与返回参考点有关的知识，在维修前要知道机床属于哪一种返回参考点方式，常见的参数有哪些。一般维修时不需要修改参数，但如果是绝对式编码器返回参考点故障就需要修改参数。要理解参数的含义，这对深入理解返回参考点过程和故障诊断以及维修是很有帮助的。

返回参考点方式不同，常见的故障也不同。

1. 增量式编码器返回参考点常见故障

（1）操作故障。

增量式编码器返回参考点方式比较灵活，具体参数参见前面的知识介绍。在返回参考点过程中，若不符合返回参考点参数设置，FANUC 数控系统就会报警，如表 3.2.8 所示。

表 3.2.8　增量式编码器返回参考点部分操作故障

报警号	报警内容	报警原因
PS0090	未完成返回参考点操作	返回参考点操作不能正常进行。一般是因为返回参考点的起点离参考点太近或速度太低。使起点离参考点足够远，或为返回参考点设定足够快的速度后再执行返回参考点操作。 在无法建立机床原点的状态下，试图执行基于返回参考点的绝对位置检测器的原点设定。通过手动运行使电机转动 1 转以上，暂时执行 CNC 和伺服放大器电源的 OFF/ON 操作，然后进行绝对位置检测器的原点设定
PS0092	返回参考点检查（G27）错误	G27 中指定的轴尚未返回参考点。重新检查为返回参考点而编写的程序
PS0224	返回参考点未结束	在自动运行开始之前，没有执行返回参考点操作[限于参数 ZRNx（参数 1005#0）为 0 时]，执行返回参考点操作
PS0301	禁止重新返回参考点	在无挡块返回参考点中，禁止重新设定参考点的参数 1012#0（IDCx）被设定为 1 时，试图执行返回参考点操作
PS0302	不能为无挡块返回参考点方式设定参考点	可能是下列原因引起的： ① 在 JOG 进给中，没有将轴朝着返回参考点方向移动 ② 轴沿着与手动返回参考点方向相反的方向移动
PS0304	未建立参考点就出现指令 G28	在尚未建立参考点时就出现了自动返回参考点指令（G28）
PS0305	中间点未指定	通电后在没有执行一次 G28（自动返回参考点 ）、G30（返回第 2、第 3、第 4 参考点）指令的状态下，执行 G29（从参考点返回指令）

（2）外围电气开关信号故障。

在增量式编码器返回参考点方式中，主要涉及系统外的开关有操作方式开关、减速开关等，在维修中可以利用 PMC 信息诊断页面分析开关是否有故障。另外，还要检查减速开关中相关的挡块是否松动以及位置是否正确等。

（3）增量式编码器故障。

在增量式编码器返回参考点方式中，重要部件是编码器。在 0i-D 系统中使用 αi 和 βi 系列伺服电机，伺服电机尾部的编码器是串行脉冲编码器，它不能使用传统的仪器检测，应尽可能使用系统提供的故障诊断信息和部件互换法进行故障诊断。在增量式编码器返回参考点过程中，常见故障就是编码器零位信号丢失或电器件故障，要注意避免振动和减少油污等。

（4）其他故障。

增量式编码器是低电压弱电信号器件，难免会受到周围干扰，反馈电缆要采取屏蔽以及抗干扰措施，反馈电缆不能与动力电缆捆扎在一起。

2. 绝对式编码器返回参考点常见故障

（1）操作故障。

绝对式编码器返回参考点的参数设置具体参见前面的知识介绍。在返回参考点过程中，若不符合返回参考点参数设置，FANUC 数控系统就会报警，如表 3.2.9 所示。

表 3.2.9　绝对式编码器返回参考点部分操作故障

报警号	报警内容	报警原因
DS0300	APC 报警：须回参考点	需要进行绝对式编码器的参考点设定(参考点与绝对式编码器的计数器值之间的对应关系)，应执行返回参考点操作。 本报警在某些情况下会与其他报警同时发生，这种情况下应通过其他报警采取对策
DS0306	APC 报警：电池电压 0	绝对式编码器的电池电压已经下降到不能保持数据的低位，或者编码器是第一次通电。如果再次通电仍然发生这种情况，可能是因为电池或电缆故障，应在接通机床电源的状态下更换电池
DS0307	APC 报警：电池电压低 1	绝对式编码器的电池电压下降到更换标准
DS0308	APC 报警：电池电压低 2	绝对式编码器的电池电压以前也曾经(包括电源断开时)下降到更换标准，应在接通机床电源的状态下更换电池
DS0309	APC 报警：不能返回参考点	试图在不能建立参考点的状态下执行基于 MDI 操作的绝对式编码器的参考点设定。通过手动运行使电机旋转 1 转以上，暂时断开 CNC 和伺服放大器的电源，然后进行绝对式编码器的参考点设定
DS0405	未回到参考点上	自动返回参考点指定的轴在定位完成时尚未正确地返回到参考点。 位置控制系统异常。由于在返回参考点操作中 CNC 内部或伺服系统出现故障，有可能无法正确执行返回参考点操作。应重新尝试一次手动返回参考点操作

（2）外围电气故障。

在绝对式编码器返回参考点方式中，主要涉及系统外的部件有操作方式开关、绝对式编码器电池等，在维修中可以利用 PMC 信息诊断页面分析开关是否有故障，用万用表 10 V 直流电压挡检查电池是否有电压。

（3）绝对式编码器故障。

在绝对式编码器返回参考点方式中，重要部件是编码器。在 0i-D 系统中使用 αi 和 βi 系列伺服电机，伺服电机尾部的编码器是串行脉冲编码器，它不能使用传统的仪器检测，应尽可能使用系统提供的故障诊断信息和部件互换法进行故障诊断。在绝对式编码器中，常见故障就是编码器零位信号丢失或电器件故障，要注意避免振动和减少油污等。

（4）其他故障。

绝对式编码器是低电压弱电信号器件，难免会受到周围干扰，反馈电缆要采取屏蔽以及抗干扰措施，反馈电缆不能与动力电缆捆扎在一起。更换伺服放大器、伺服电机、绝对式编码器、绝对式编码器反馈电缆后，要重新返回参考点并调整与零位有关的参数。

四、螺距误差补偿值的设定

（一）螺距误差补偿值的意义

螺距误差补偿是将机床实际移动的距离与指令移动的距离之差，通过调整数控系统的参数增减指令值的脉冲数，实现机床实际移动距离与指令值相接近，以提高机床的定位精度。螺距误差补偿只对机床补偿段起作用，在数控系统允许的范围内将起到补偿作用。

（二）螺距误差补偿参数

螺距误差补偿是按轴进行的，与其相关的轴参数有 5 个：

3620：各轴参考点的螺距误差补偿点号。

3621：设置补偿区间内的最负点补偿点号。

3622：设置补偿区间内的最正点补偿点号。

3623：补偿倍率。

3624：设置测量时实际的间隔。

注意：

（1）如果需要更改参数，NC 需要从新上点。

（2）FANUC 系统为增量补偿。

（三）螺距误差补偿方法

1. 分配补偿点

FANUC 系统的补偿点共计 1 024 个点，为 X、Z（Y、C）轴所共用，在车床上，我们只为 X、Z 两个轴设定相应的有效区间即可，可设置 0 ~ 200 号码，为 X 轴所使用；201 ~ 400 为 Z 轴使用；401 以后为其他轴使用。所以，对应轴的参考点地址根据需要设置为相应区间的任意点，设置画面如图 3.2.10 所示。

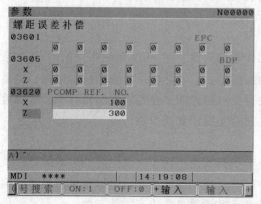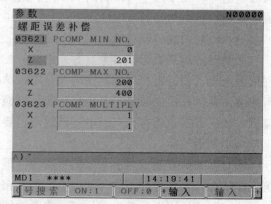

图 3.2.10　螺距误差补偿设置画面

2. 设置参数

参数设置如表 3.2.10 所示。

表 3.2.10 参 数 设 置

参 数		X 轴设定值	Z 轴设定值
3620	参考点补偿号码	100	300
3621	负方向补偿号码	0	201
3622	正方向补偿号码	200	400
3623	补偿倍率	1	1
3624	补偿点间隔	20	100

注意:

(1) 补偿点号是和机械坐标对应的,如果机械坐标改变,需要重新补偿。

(2) 机床出厂时, X 轴零点为主轴中心,如果补偿 10 个点,有效点号为 100~110; Z 轴零点为卡盘端面,如果补偿 15 个点,有效点号为 300~315。

(3) 3623 为补偿倍率。FANUC 系统相对补偿参数限制为 0~±7,所以倍率为 1 的情况下,如误差中有很多 +7 或者 -7 的话,说明实际补偿误差可能大于这个数值(例如,误差可能大于 ±7,如误差有 8、10、-9,那么它也只能显示到 7、7、-7),这个时候就要将倍率改为 2。这时的实际补偿数值 = 补偿值 × 倍率,如图 3.2.11 所示。

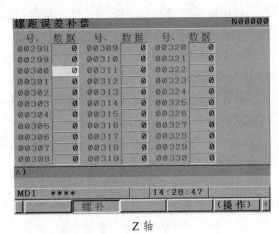

图 3.2.11 设置补偿倍率

3. 输入补偿值

通过激光干涉仪,测得机床某个轴实际定位情况,生成补偿值,并填入补偿值,如图 3.2.12 所示。

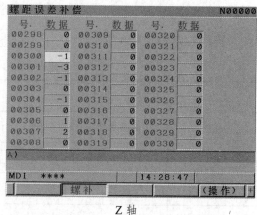

图 3.2.12　设置补偿值

填入后，复位即可生效，整个螺距补偿完毕。

注意： 由于 FANUC 系统螺距补偿是相对补偿，如果想调整单个或几个点时，要从补偿起点方向开始向终止方向调整。丝杠螺距误差补偿功能仅在进给轴回零操作完成后生效，所以在接通 NC 电源或紧急停机以后必须执行回零操作，否则将可能影响零件的加工精度。

【实战演练】

一、伺服参数的初始化设定

某机床基本情况：0i-TD 系统数控车床，Z 轴滚珠丝杠螺距为 6 mm，伺服电机与丝杠直连，伺服电机规格为 αis8/3000，机床检测单位为 0.001 mm，数控指令单位为 0.001 mm。

伺服参数初始化设置步骤如下：

（1）在 MDI 方式下，按下急停按键，再按下功能键 📧，再单击【设定】，选择设定页面，确认"写参数 = 1"。

设置参数 3111#0 为 1 时（设 1 后应关机，再开机），允许显示伺服参数初始化设定页面和伺服参数调整页面。

（2）按功能键 🖳 和软键【 + 】、【 SV 设定】，伺服参数初始化设定页面与参数对应关系如图 3.2.6 所示。

（3）将"初始化设定位"设为 0。

（4）根据表 3.2.2，设定"电机代码"为 277（选用 HRV2）。

（5）设定"AMR"为 00000000。

（6）设定"指令倍率"为 2。

（7）设定"柔性齿轮比" N/M = 6 000/1 000 000 = 3/500。

（8）"方向设定"为 111，若实际运行后不符合机床坐标系方向，可以再修改。

（9）设定"速度反馈脉冲数"和"位置反馈脉冲数"，对应参数分别为参数 8 192 和参数 12 500。

（10）设定"参考计数器容量"为 6 000。

（11）按下功能键 ，再单击【设定】，选择设定页面，确认"写参数 = 0"，再按【RESET】键。根据提示，关断 CNC 电源，再打开电源即可。

βi 和 αi 系列伺服参数初始化步骤基本一样。FANUC 其他规格伺服电机可以举一反三。

二、FSSB 的参数设定

FANUC 0i-TD 数控系统与 βi 伺服放大器及伺服电机 FSSB 连接如图 3.2.13 所示。数控系统的轴卡由光缆从 COP10 A 接至第一个伺服放大器的 COP10B，再由第一个伺服放大器 COP10 A 用光缆接至第二个伺服放大器的 COP10B，第一个轴定义成 X 轴，第二个轴定义成 Z 轴。FSSB 设置过程如下：

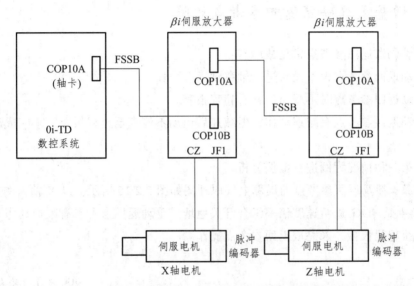

图 3.2.13　FANUC 0i-TD 数控系统与 βi 伺服放大器及伺服电机 FSSB 连接图

（1）在 MDI 方式下，按下急停按键，再按下功能键 ，单击【设定】，选择设定页面，确认"写参数 = 1"。将系统参数 1902#0 和参数 1902#1 设定为 0，执行 FSSB 自动设定，系统参数 1902#0 设定为 0，然后断电，再上电。

（2）按下功能键 。

（3）继续按软键数次，显示菜单【FSSB】。

（4）单击【FSSB】，切换到放大器设定页面，显示如图 3.2.14 所示的菜单。

图 3.2.14　放大器设定页面菜单

（5）单击【放大器】时，切换到放大器设定页面，如图 3.2.2 所示。若连接没有改变，

FSSB 光缆就能自动找到伺服放大器和相应的伺服电机，第一个伺服放大器对应 X 轴，第二个伺服放大器对应 Z 轴。若希望第一个伺服放大器对应 Z 轴，而第二个伺服放大器对应 X 轴，则在如图 3.2.2 所示的放大器设定页面中，在第一个伺服放大器对应的轴参数处设定 02，在第一个伺服放大器对应的轴参数处设定 01 即可。

（6）单击【轴】时，切换到轴设定页面，如图 3.2.4 所示。由于是半闭环，所以轴设定页面中各参数都设定为 0。

（7）按下功能键 [图]，再单击【设定】，选择设定页面，确认"写参数 = 0"，再按 [RESET] 键，CNC 断电再上电启动即可。

三、机床参考点故障

（一）增量式编码器返回参考点故障

增量式编码器返回参考点常见故障有：

（1）手动返回参考点根本没有进给轴移动。

（2）手动返回参考点时不减速，并有超程报警。

（3）手动返回参考点有减速动作，但减速后运动不停直至超程报警，未完成返回参考点操作。

下面以第三种情况为例进行案例分析。

故障现象：涉及返回参考点的局部电气原理图如图 3.2.15 所示。以 X 轴为例，输入地址 X10.0 ～ X10.4 是 JOG 进给速度倍率组合开关地址。手动返回参考点有减速动作，但减速后运动不停直至超程报警，未完成返回参考点操作。

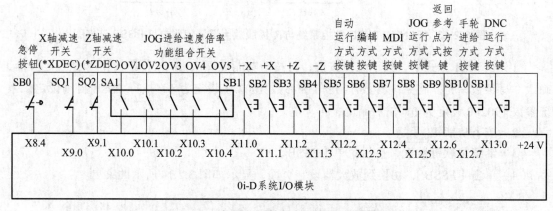

图 3.2.15　涉及返回参考点的局部电气原理图

故障原因：根据图 3.2.15 可知，减速开关接的是动断开关。按照图 3.2.8 所示的有挡块正向返回参考点时序图分析，可能的故障原因如下：

（1）返回参考点方式错误。

（2）手动方向按键故障。

（3）减速开关或挡块故障。

（4）I/O 接口模块故障。

（5）增量式编码器故障。

故障分析：

（1）根据故障现象可知，返回参考点方式以及返回参考点轴按键都是正确的。

（2）因为返回参考点过程中，机床运动能减速，说明机械挡块已经压到减速开关，系统已经收到减速信号，即 X9.0 处信号已经送给数控系统。

（3）按照返回参考点控制流程，减速后又运动了一段位移后，说明系统已检测到减速开关已断开，但进给没有停下，可能有两个故障原因：

① 减速后，X 轴减速开关如果没有再闭合，系统就不可能接收到编码器的零位信号。

② 低速运行后，X 轴减速开关闭合，但系统一直没有收到编码器零位信号。

故障解决：

（1）减速开关故障可以利用 PMC 状态信息来检测。若减速开关损坏，则需进行更换，若机械挡块松动，则调整机械挡块。

（2）若编码器故障，则检查编码器是否有油污或损坏，如果有，则清洁或更换编码器。

（二）绝对式增量式编码器返回参考点故障

故障现象： 某 0i-MD 系统数控机床在开机后显示"DS0300 APC 报警：Y 轴须返回参考点"和"DS0306 APC 报警：电池电压 0"，数控系统与伺服放大器模块及伺服电机连接图如图 3.2.16 所示，伺服电机带 αi 绝对式编码器。

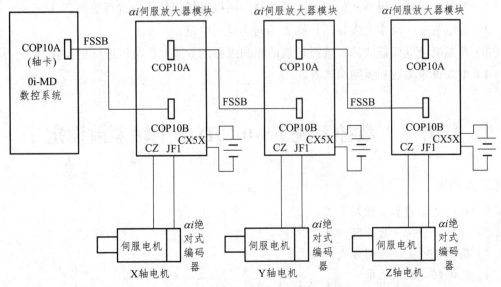

图 3.2.16 数控系统与伺服放大器模块及伺服电机连接图

　　故障原因：APC 报警是与绝对式编码器相关的报警。DS0300 报警需要进行绝对式编码器的参考点设定（参考点与绝对式编码器的计数器值之间的对应关系），应执行返回参考点操作。DS0306 APC 报警：电池电压 0，说明保持数据的电池可能有问题。具体的故障原因有：

　　（1）绝对式编码器电池电压不足导致的机床绝对位置丢失。

　　（2）绝对式编码器反馈电缆松动或破损。

　　（3）伺服放大器故障。

　　（4）绝对式编码器故障。

　　故障分析：

　　（1）在通电情况下，按照绝对式编码器电池的更换方法取下电池，并用万用表的直流 10 V 挡测量电池电压，若为 3.5 V 以上，说明该电池还可以使用；若为 3.5 V 以下，说明电池电压低，需要更换电池，并按照绝对式编码器返回参考点方法处理。但是要注意，该机床中与返回参考点有关参数的调整主要有：机床螺距误差和刀具补偿参数；加工中心的换刀点参数；机床参考点、工件原点以及机床原点参数等。

　　（2）若电池电压在 3.5 V 以上，说明该报警不是真正的电池电压低报警，而是由其他原因造成的。

　　（3）检查编码器电池线、反馈电缆是否松动或破损，若电池线、反馈电缆等松动或破损应重新插好或更换。

　　（4）若电池线和反馈电缆是完好的，就要考虑伺服放大器控制印制电路板是否损坏，可以采用比较或更换法处理。

　　（5）若伺服放大器都是完好的，就要考虑绝对式编码器本身是否有故障。

　　故障解决：

　　（1）若是绝对式编码器和伺服放大器控制印制电路板损坏，应进行更换。

　　（2）若电池线、反馈电缆损坏，则更换同类型的电缆。

　　（3）若是电池电压低故障，选择正规的相同规格的 6 V 电压电池进行更换。

　　（4）重新设定参数和返回参考点。

任务三　数控系统 FS-0iC/D 的主轴参数设定

　　【**工作内容**】

　　（1）简述主轴的基本控制要求。

　　（2）进行 S 模拟量输出的调试。

　　（3）简述串行主轴控制方式。

　　（4）简述接口控制地址。

　　（5）对串行主轴标准参数进行自动设定。

【知识链接】

一、主轴的基本控制要求

1. 主轴速度控制

为了保证机床能够用不同的刀具来进行不同材料工件的金属切削加工，必须选择合适的切削速度。机床的切削速度决定于主轴转速与刀具（或工件）直径，其换算关系为

$$v = \frac{\pi D n}{1\,000}$$

式中　v——切削速度，m/min；

　　　n——主轴转速，r/min；

　　　D——车削加工为工件直径，镗铣类加工为刀具直径，mm。

因此，作为金属切削机床主轴的最基本要求，必须具备调速、启停和转向控制功能，这一功能称为主轴速度控制功能。

全功能 CNC 的主轴速度控制可以采用两种方法：一是 CNC 只是将加工程序中的 S 代码指令转换为速度控制用的 DC 0~10 V 模拟电压，其调速、运行控制通过外部主轴驱动器实现，称为 S 模拟量输出功能，变频器是当前常用的主轴驱动器；二是由 CNC 直接控制总线连接的专用交流主轴驱动器，主轴转速设定、驱动器参数设定、运行控制均通过 CNC 实现，FS-0iC/D 称为串行主轴控制功能。

2. 传动级交换

传动级交换是主轴速度控制的基本功能，无论采用通用变频器驱动还是采用交流主轴驱动器，都需要使用该功能。

在绝大多数数控机床上，主轴不仅需要调速，且其低速输出转矩、恒功率范围也有规定要求。机床主电机的输出特性曲线如图 3.3.1 所示，额定转速以下为恒转矩输出，额定转速以上为恒功率输出，其低速转矩、恒功率调速范围一般较小。为此，需要在主轴驱动器电气调速的基础上，增加机械辅助变速机构，通过机械传动比的变化来提高低速转矩和扩大恒功率调速范围。

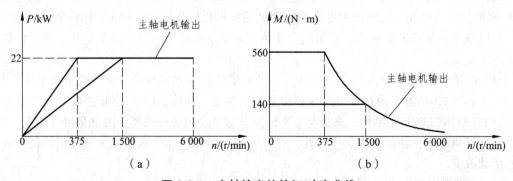

图 3.3.1　主轴输出的转矩/功率曲线

　　图 3.3.1 是功率为 22 kW、转矩为 140 N·m、额定转速为 1 500 r/min、最高转速为 6 000 r/min 的主轴电机通过 1∶1 和 4∶1 两级机械辅助变速，所得到的主轴输出转矩和功率曲线图。由图 3.3.1 可见，通过 4∶1 的机械减速，主轴在 375 r/min 以下，其低速输出转矩可由 140 N·m 提高到 560 N·m，主轴恒功率调速的起始转速从 1 500 r/min 降低到 375 r/min。因此，通过机械辅助变速，可以在不改变主轴电机的前提下将低速转矩提高 4 倍，恒功率调速范围可由 4∶1（1 500 ~ 6 000 r/min）增加到 16∶1（375 ~ 6 000 r/min），而主轴最高转速仍保持 6 000 r/min 不变。

　　增加了机械变速装置后，在不同的传动比下，同样的主轴转速需要有不同的电机转速。例如，如果要求的主轴转速为 1 200 r/min，在 1∶1 传动时的电机转速应为 1 200 r/min；而当减速比为 4∶1 时，电机转速则应为 4 800 r/min 等。主轴传动级交换功能就是 CNC 能够根据机械变速机构的实际传动比，自动改变主轴速度指令输出，并保证加工程序中的 S6 代码指令和主轴转速一致的功能。

3. 螺纹加工

　　螺纹加工是金属切削机床的常用功能，它可以要求进给轴（通常为 Z 轴）能够根据主轴的转角同步进给，数控车床的螺纹切削和镗铣类数控机床的刚性攻螺纹是用于螺纹加工的基本功能。

　　为了便于理解，可以这样认为：在螺纹切削加工或刚性攻螺纹时，进给轴的指令脉冲将由主轴的位置反馈编码器提供，主轴转 1 圈可以控制进给轴进给 1 个螺距。因此，螺纹切削或刚性攻螺纹的数控机床必须安装主轴位置检测编码器，编码器与主轴最好为 1∶1 连接。

　　这样的螺纹加工实现较为简单，因此，数控车床的螺纹切削功能不但可在全功能 CNC 上使用，而且也能用于普及型 CNC。然而，刚性攻螺纹的控制相对复杂，原则上只有在配套全功能 CNC 的数控镗铣类机床上才能使用。

二、S 模拟量输出的调试

（一）基本要求

　　CNC 将加工程序中的 S 代码指令转换为控制主轴转速的 DC 0 ~ 10 V 模拟电压的功能称为 S 模拟量输出功能。S 模拟量输出功能调试的根本目的是保证 CNC 能够根据程序中的 S 指令和机械变速装置的减速比，输出用于变频器等驱动器速度控制的模拟电压。该功能调试的基本方法如下：

　　（1）CNC 选配将 S 指令的数字量转换为模拟量的 D/A 转换模块（S 模拟量输出接口）。

　　（2）通过 CNC 参数的设定生效 S 模拟量输出功能，并取消串行主轴控制。

　　（3）按 CNC 的连接要求，正确连接 S 模拟量输出、位置编码器、变频器和主电机。

　　（4）正确设定主轴传动级交换参数，保证 S 模拟量输出能够根据机械变速机构的减速比进行自动改变。

　　（5）调整模拟量输出的增益和偏移参数，保证主轴实际转速与 S 指令相符。

利用 S 模拟量控制转速的主轴驱动器一般是带有操作/显示单元的独立部件（如变频器等），在驱动器上应对主轴加减速时间、速度/电流调节器等参数进行相关设定和调整。主轴调试前，CNC 和机床必须满足如下条件：

（1）CNC、伺服驱动器无故障和报警。

（2）主轴硬件连接与配置正确，无外部急停信号*ESP、主轴停止信号*SSTP、主轴急停信号*ESPA、*ESPB 输入。

（3）主轴速度倍率信号输入 G0030.0 ~ G0030.7 不为全 0 或全 1。

（4）操作方式为 MDI 或 MEM 方式，指令 S×××、M03（M04）可以正常执行。

（二）传动级交换的实现

数控机床主轴机械变速机构的结构、原理和普通机床并无区别，它同样可通过电磁离合器、液压或气动带动滑移齿轮等方式实现，故可以通过 PMC 程序进行控制。

采用 S 模拟量输出功能的 CNC 机床，其主轴驱动器的速度给定输入就是来自 CNC 的 JS 模拟量输出，这一速度给定输入和主电机转速有严格的对应关系。例如，如果 10 V 速度给定对应的电机转速为 6 000 r/min，那么给定输入为 5 V 时的电机转速必然为 3 000 r/min。因此，只要 CNC 能够根据机械变速机构的实际传动比自动改变模拟量输出，就能改变主电机转速并适应传动比的变化，同时保证 S 指令和主轴转速的一致。

以图 3.3.2 为例，假设 CNC 的 10 V 模拟量输出所对应的主电机转速为 6 000 r/min，当机械变速机构传动比为 1∶1 时，指令 S1200 对应 CNC 的 S 模拟量输出为 2 V；而在传动比为 4∶1 时，对于同样的 S1200 指令，CNC 的 S 模拟量输出可以自动提高到 8 V，使得主电机的转速为 4 800 r/min，从而保证主轴的转速仍然为 1 200 r/min。这就是 CNC 传动级交换控制的基本原理。

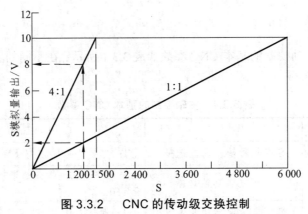

图 3.3.2　CNC 的传动级交换控制

（三）模拟量输出调整

环境温度、元器件特性的变化和电子线路的非线性影响，将导致电气参数的微量变化并影响控制的准确性，这是模拟量控制系统所存在的共性问题。在 CNC 控制系统中，当主轴采用 S 模拟量输出控制转速时，其输出电压同样会因上述影响偏离理想特性，产生速度误差。速度误差可通过 CNC 的模拟量输出漂移和增益参数来调整和减小，但不能最终消除。主轴调试时应先进行漂移调整，然后再进行增益调整。

模拟量输出的漂移调整参数可改变编程转速 S0 所对应的模拟电压输出值，它将使 CNC 的 S 模拟量输出特性曲线进行如图 3.3.3（a）所示的上下平移，使 S0 所对应的转速接近于 0，速度漂移只能减少而不能完全消除。

模拟量输出的增益调整参数改变的是最大编程转速 S_{max} 所对应的模拟电压输出值，它可使 S 模拟量输出特性曲线的斜率发生变化，从而改变模拟电压和编程转速的比值，使转速更为准确。

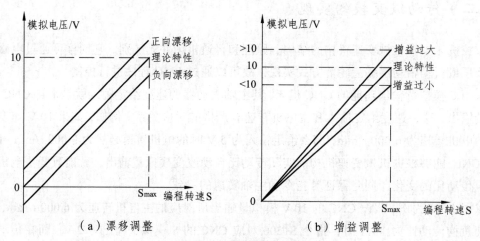

（a）漂移调整   （b）增益调整

图 3.3.3 模拟量输出的调整

（四）CNC 参数与控制信号

1. 基本参数

FS-0iC/D 用于主轴控制的基本 CNC 参数如表 3.3.1 所示，在不同的主轴控制方式下应设定正确的参数。

表 3.3.1 主轴控制的基本 CNC 参数

参数号	代号	意义	说明
0900.4	ANASP	S 模拟量输出功能选择	1：生效（需要相关硬件）；0：无效
0917.1	SRLSP	串行主轴功能选择	1：生效；0：无效；选择模拟量输出功能时应设定 0
9920.4	ANASP	S 模拟量输出功能生效	1：生效；0：无效
9937.1	SRLSP	串行主轴功能生效	1：生效；0：无效；选择模拟量输出功能时应设定 0
3701.1	ISI	串行主轴接口选择	0：使用；1：不使用；选择模拟量输出功能时应设定 1

续表 3.3.1

参数号	代　号	意　　义	说　　明
3701.4	SS2	第 2 串行主轴控制	0：不使用；1：使用；选择模拟量输出功能时应设定 0
8133.5	SSN	串行主轴控制功能设定	0：使用；1：不使用；选择模拟量输出功能时应设定 1
3031	—	S 代码指令允许编程的位数	1～5
3705.2	SCB	M 型换挡方式选择	0：A 型；1：B 型
3705.3	SCT	刚性攻螺纹齿轮换挡切换转速选择	0：正常换挡；1：PRM3761/3762 设定
3705.6	SFA	SF 信号输出设定	0：仅需要换挡时输出；1：总是输出
3706.4	CTT	主轴换挡的形式选择	0：M 型换挡；1：T 型换挡
3706.6	CWM	S 模拟量输出极性设定	00：M03/04 均为正；01：M03/04 均为负
3706.7	TCW		10：M03 为正、M04 为负；11：M03 为负、M04 为正
3708.6	TSO	螺纹加工与攻螺纹时的主轴倍率	0：无效（100%）；1：有效
3710.3	SGR	G84/G74 的齿轮换挡切换转速设定	0：攻螺纹通用；1：只用于刚性攻螺纹
3716.0	A/S	主轴控制功能选择（仅 FS-0iD）	0：S 模拟量控制；1：串行主轴
3730	—	S 模拟量输出的增益调整	700～1 250
3731	—	S 模拟量偏移调整	-1 024～1 024
3735	—	主轴最低转速	0～4 095，最高转速对应 4 095
3736	—	主轴最高转速	0～4 095，最高转速对应 4 095
3741～3744	—	1～4 挡主轴最高转速	依次设定 1～4 挡的主轴最高转速
3751/3752	—	B 型换挡的切换转速	依次设定 B 型换挡的 1 到 2 挡、2 到 3 挡的切换转速
3761/3762	—	攻螺纹换挡的切换转速	依次设定攻螺纹换挡的 1 到 2 挡、2 到 3 挡的切换转速

2. 控制和状态信号

在 FS-0iC/D 中，与主轴速度控制相关的主要控制和状态信号如表 3.3.2 所示。需要注意的是，对于 S 模拟量输出控制的主轴，表中的控制信号只是改变 CNC 的 S 模拟量输出电压，但不能控制主轴驱动器，驱动器运行需要 PMC 程序和驱动器 DI/DO 信号控制。

表 3.3.2　主轴转速控制和状态信号一览表

地　址	代　号	意　义	说　明
F0001.4	ENB	主轴使能输出	1：输出指令转速不为 0；0：指令转速输出为 0
F0007.2	SF	S 选通信号	在 S 代码改变时输出
F0022.0 ~ F0025.7	S00 ~ S31	32 位 S 代码输出	与编程转速对应的 32 位 CNC→PMC 信号
F0034.0 ~ F0034.2	GR10 ~ GR30	CNC 传动级选择输出	CNC→PMC 的自动传动级选择信号
F0036.0 ~ F0037.3	R010 ~ R120	12 位 S 代码输出	与编程转速对应的 12 位 CNC→PMC 信号
F0040.0 ~ F0041.7	AR0 ~ AR15	16 位实际主轴转速输出	与实际转速对应的 16 位 CNC→PMC 信号
G0028.1、 G0028.2	GR1、GR2	机床实际传动级输入	PMC→CNC 的机床当前传动级信号
G0029.4	SAR	主轴转速到达	1：实际转速到达指令转速范围；0：未到达
G0029.6	*SSTP	主轴停止信号	1：输出指令转速；0：指令转速输出为 0
G0030.0 ~ G0030.7	SOV0 ~ SOV7	主轴速度倍率	8 位二进制输入倍率
G0032.0 ~ G0033.3	R011 ~ R121	12 位 S 指令 PMC 输入	仅在利用 PMC 程序控制主轴转速时使用

（五）传动级交换与 T 型换挡

1. 传动级交换方式

CNC 的传动级交换控制是保证模拟量输出与实际传动比对应的功能，有多种不同的实现形式。FS-0iC/D 的传动级交换总体上分为 T 型换挡与 M 型换挡两类，T 型换挡既可用于车床控制用的 FS-0iTC/D 系列 CNC，也可用于 FS-0iMC/D 系列 CNC，它是 FS-0iC/D 常用的传统传动交换方式；M 型换挡只能用于铣床、加工中心控制的 FS-0iMC/D 系列 CNC，可根据实际需要选择。

T 型换挡的机械变速可用 PMC 程序自由控制，换挡完成后只需要利用 PMC→CNC 的内部信号，将当前的实际传动级告诉 CNC，CNC 便可根据参数设定的变速比自动调整 S 模拟量输出电压，因此，对于同样的转速指令 S，主轴可以有不同的传动比。

M 型换挡是一种强制换挡功能，同一转速指令 S 只能选择一种传动比。M 型换挡生效时，CNC 将根据程序中的 S 指令和参数设定的变速比自动选择传动级，并向 PMC 输出传动级选择信号，PMC 程序应根据这一信号控制机械变速装置进行变速，使传动比和 CNC 要求相符。根据挡位切换转速的不同，M 型换挡有 A 型、B 型与攻螺纹型之分。

以上传动级交换反式的主要特点与区别如表 3.3.3 所示。

表 3.3.3　不同传动级交换形式的特点与区别

项　目		T　型	M　型		
			类型 A	类型 B	攻螺纹型
适用的 CNC	车床用 FS-0iTC	●	×	×	×
	铣床用 FS-0iMC	●	●	●	●
功能选择		PRM3706.4 = 1	PRM3706.4 = 0		
			PRM3705.2 = 0	PRM3705.2 = 1	PRM3705.3 = 1
最大可使用的挡位数		4	3	3	3
传动级选择信号输出		×	●	●	●
挡位切换方式		PMC 程序自由控制	CNC 自动切换	CNC 自动切换	CNC 自动切换
挡位切换转速		无要求	电机最高转速	可设定	可设定

2. T 型换挡控制

T 型换挡可用于 FS-0iC/D 所有产品，换挡一般由辅助指令 M41 ~ M44 控制，但也可用其他信号或按钮控制。PMC 程序可根据换挡指令直接控制机械变速装置更换变速挡，动作完成后用 PMC→CNC 的内部信号 GR1/GR2，将目前的传动级告知 CNC。CNC 将按照参数 RM3741 ~ PRM3744 的设定，输出与实际传动比对应的 S 模拟电压。

T 型换挡的输出特性如图 3.3.4 所示。不同传动级、模拟量输出为 10 V 时的最高主轴转速可通过参数 PRM3741 ~ PRM3744 进行设定，小于最高转速的 S 指令，输出在 0 ~ 10 V 线性变化；大于最高转速的 S 指令，输出保持 10 V 不变。

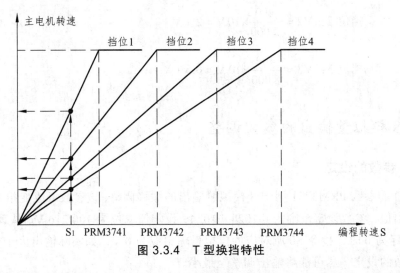

图 3.3.4　T 型换挡特性

T 型换挡的传动级 GR1/GR2 信号与主轴转速的关系如表 3.3.4 所示，参数 PRM3741 ~ RM3744 的设定值应依次增加，挡位不足 4 挡时，参数 PRM3743/PRM3744（2 挡）或参数 PRM3744（3 挡）可以设定主轴转速最高值，或直接将其设定为最大输入值 99 999。

表 3.3.4　GR1、GR2 与挡位的关系

变速挡	1（M41）	2（M42）	3（M43）	4（M44）
GR1	0	1	0	1
GR2	0	0	1	1
主轴转速范围	0～PRM3741	0～PRM3742	0～PRM3743	0～PRM3744

3. 参数设定实例

例 1：假设某机床主轴有 3 级机械变速装置，挡位 1～3 所对应的主轴最高转速分别为 500 r/min、2 000 r/min、8 000 r/min，CNC 的最大 S 模拟量输出为 10 V，试设定传动级交换参数，并计算不同挡位指令 S400 所对应的 S 模拟量输出电压值。

参数设定：

（1）根据 S 模拟量输出的功能要求，设定表 3.3.1 所示的主轴基本参数，生效 S 模拟量输出功能。

（2）设定 PRM3706.4 = 1，选择 T 型换挡。

（3）根据要求设定参数挡位 1～3 的主轴最高转速为 PRM3741 = 500、PRM3742 = 2 000、PRM3743 = 8 000；挡位 4 不使用，故可以设定 PRM3744 = 8 000 或 99 999。

由于各挡位最高转速所对应的模拟电压均为 10 V，故 1～3 挡执行 S800 指令的 S 模拟量输出电压值可计算如下：

$$挡位 1：V1 = \frac{400}{500} \times 10 = 8 （V）$$

$$挡位 2：V2 = \frac{400}{2\,000} \times 10\,V = 2 （V）$$

$$挡位 3：V3 = \frac{400}{8\,000} \times 10\,V = 0.5 （V）$$

（六）S 模拟量输出的参数调整

1. 偏移参数的设定

FS-0iC/D 的参数 PRM3731 用于 S 模拟量输出的漂移调整，该参数可改变指令 S0 所对应的模拟量输出值，参数设定范围为 − 1024～1024，设定值单位为 100/2^{16} V。从理论上讲，当 PRM3731 设定为 0 时，指令 S0 所对应的模拟量输出应为 0 V，如实际输出大于或小于 0 V，则应改变参数的设定，尽可能将输出调整至最小。

参数 PRM3731 设定值可按下式计算：

$$PRM3731 = -\frac{(S0时的模拟量输出)}{100} \times 2^{16}$$

2. 增益参数的设定

FS-0iC/D 的参数 PRM3730 用于 S 模拟量输出的增益调整，该参数可以改变最高主轴转速所对应的模拟量输出值，并改变输出电压和 S 的比例。参数 PRM3730 以百分率的形式设定，输入范围为 700 ~ 1 250，单位为 0.1%。当设定值为 1 000 时，最高转速 S 所对应的模拟量输出为 10 V，如果实际值大于或小于 10 V，可改变参数调整增益值。

参数 PRM3730 设定值可按下式计算：

$$PRM3730 = \frac{10}{(S_{max}\text{时的实际输出电压})} \times 1\,000$$

3. 参数设定实例

例 2：假设某模拟量输出控制的主轴，执行指令 S0 时，实测的模拟输出电压为 40 mV；在最高转速 S8000 时，实测的模拟量输出电压为 10.2 V；试确定漂移与增益参数。

解：根据已知条件，主轴的漂移为 0.04 V，因此，参数 PRM3731 的设定值为

$$PRM3731 = -\frac{0.04}{100} \times 2^{16} = -26$$

因为漂移将同时影响最高转速时的输出，即最高转速 S8000 所实测的模拟量输出电压 10.2 V 同样包含了 40 mV 漂移电压，因此，其增益调整电压应为 10.2 V – 0.04 V = 10.16 V，故参数 PRM3730 的设定值为

$$PRM3730 = \frac{10}{10.16} \times 1\,000 = 984$$

三、串行主轴的参数调试

（一）串行主轴的引导操作

1. 串行主轴参数

串行主轴不仅需要像 S 模拟主轴一样设定 CNC 的基本主轴参数，还需要设定主轴驱动器参数。$\alpha i/\beta i$ 主轴驱动器参数众多，它可以分为电机匹配参数、结构配置参数、功能参数以及测试参数 4 类，其作用和设定方法如下：

（1）电机匹配参数是根据电机特性设定的驱动器电压、电流、转速、PWM 载频、滤波等控制和调节参数，参数已保存在 CNC 中，可直接通过串行主轴引导操作进行自动设定。

（2）结构配置参数用来生效与选择硬件，如位置编码器的类型与连接形式、减速齿轮、电机转向等。结构配置参数应根据前述的主轴控制系统结构进行设定。

（3）功能参数用来选择主轴系统功能，如速度控制、定向准停、主轴定位、CS 轴控制、主从同步控制、多主轴控制等。功能参数应根据实际要求和主轴系统结构、CNC 选择功能配置等进行设定。

（4）测试参数用于设定报警条件与检测功能，可根据实际控制要求进行选择和设定。

电机匹配参数和配置参数是直接决定控制系统性能、结构的重要参数，它们必须首先进行设定；功能参数与测试参数可根据机床的控制要求和运行条件，在调试时逐步进行设定与优化。

2. 串行主轴引导操作

串行主轴引导操作可自动装载电机匹配参数，使得驱动器和电机匹配。由于引导操作需要修改参数，故操作前需要解除 CNC 的参数写入保护功能，引导操作的步骤如下：

（1）CNC 选择串行主轴控制功能选项。

（2）生效串行主轴功能，设定参数 PRM0917.1/9937.1 = 1、PRM3701.1/8133.5 = 0 等。

（3）根据实际需要，用参数 PRM3701.4（SS2）生效或取消第 2 串行主轴控制功能。

（4）解除 CNC 的参数写入保护功能。

（5）在串行主轴驱动器参数 PRM4133 上设定主电机代码。

（6）设定驱动器参数 PRM4019.7 = 1，执行串行主轴初始化操作。

（7）断开 CNC、主轴驱动器电源，生效电机匹配参数。

（8）根据主轴系统结构，设定驱动器的结构配置参数（PRM4000 ~ PRM4539）。

（9）根据控制要求设定其他驱动器参数（PRM4000 ~ PRM4539）。

3. 主轴电机代码

主轴电机代码是主轴设定引导操作的关键，它必须在串行主轴引导操作时，在参数 PRM413（MOTOR ID NO.）上设定。主轴电机代码与电机型号有关，常用的 αi、$\alpha C i$、βi 系列主电机的代码如表 3.3.5 所示。

表 3.3.5　常用的主轴电机代码

电机规格	电机代码	电机规格	电机代码	电机规格	电机代码
$\alpha 0.5/10000i$	301	高速 αi 系列		$\alpha C i$ 系列	
$\alpha 1/10000i$	302	$\alpha 1.5/15000i$	305	$\alpha C1/6000i$	240
$\alpha 1.5/10000i$	304	$\alpha 2/15000i$	307	$\alpha C2/6000i$	241
$\alpha 2/10000i$	306	$\alpha 3/12000i$	309	$\alpha C3/6000i$	242
$\alpha 3/10000i$	308	$\alpha 6/12000i$	401	$\alpha C6/6000i$	243
$\alpha 6/10000i$	310	$\alpha 8/10000i$	402	$\alpha C8/6000i$	244
$\alpha 8/8000i$	312	$\alpha 12/10000i$	403	$\alpha C12/6000i$	245
$\alpha 12/7000i$	314	$\alpha 15/10000i$	404	$\alpha C15/6000i$	246
$\alpha 15/7000i$	316	$\alpha 18/10000i$	405	βi 系列	
$\alpha 18/7000i$	318	$\alpha 22/10000i$	406	$\beta 3/10000i$	332
$\alpha 22/7000i$	320			$\beta 6/10000i$	333
$\alpha 30/6000i$	322			$\beta 8/8000i$	334
$\alpha 40/6000i$	323			$\beta 12/7000i$	335
$\alpha 50/4500i$	324				

（二）串行主轴配置参数

1. 结构配置参数

串行主轴配置参数应根据主轴控制系统的结构进行设定，主要参数如表 3.3.6 所示。

表 3.3.6　串行主轴配置参数

参数号	代号	意　义	说　明
4000.0	ROTA1	主轴与电机的转向	0：相同；1：相反
4001.4	SSDIRC	主轴与编码器的转向	0：相同；1：相反
4002.3 ~ 4002.0	SSTYP3 ~ SSTYP0	主轴位置检测编码器选择	0000：无；0001：电机内置编码器；0010：外置 α 型；0011：外置 BZi、CZi 型；0100：外置 αS 型
4003.7 ~ 4003.4	PCTYPE	外置编码器规格（常用规格见右）	0000：256λ/r、内置、α 型或 PRM4361 设定；0001：128λ/r；0100：512λ/r；0101：64λ/r；1001：1024λ/r
4004.2	EXTRF	零脉冲的输入类型	0：编码器零脉冲；1：接近开关输入
4004.3	RFTYPE	接近开关的信号形式	0：上升沿有效；1：下降沿有效
4010.2 ~ 4010.0	MSTYP2 ~ MSTYP0	内置编码器类型选择	000：Mi 型磁性编码器；001：MZi、BZi、CZi 型磁性编码器
4011.3 ~ 4011.0	VDT3 ~ VDT1	内置编码器规格	000：64λ/r 或 PRM4334 设定；001：128 λ/r；010：256λ/r；011：512λ/r；100：192λ/r；101：384λ/r
4056	HIGH	高速挡变速比（电机到主轴）	PRM4006.1 = 0：设定值 = 100×（电机转速）/（主轴转速）；PRM4006.1 = 1：设定值 = 1 000×（电机转速）/（主轴转速）
4057	M-HICH	准高速挡变速比	
4058	M-LOW	中速挡变速比	
4059	LOW	低速挡变速比	
4171	—	速度检测编码器与主轴的附加传动比：分母 P = 编码器转速；分子 Q = 主轴转速；设定 0：视为 1	高速挡（CTH1 = 0）传动比分母 P
4072	—		高速挡（CTH1 = 0）传动比分子 Q
4173	—		中、低速挡（CTH1 = 0）分母 P
4174	—		中、低速挡（CTH1 = 0）传动比分子 Q
4334	—	内置编码器规格（正弦波输出周期）	0：PRM4011.2 ~ PRM4011.0 设定；32 ~ 4096：设定特殊λ/r 值
4361	—	外置编码器规格（正弦波输出周期）	0：PRM4003.7 ~ PRM40003.4 设定；32 ~ 4096：设定特殊λ/r 值
4500	—	主轴与外置编码器的变速比	传动级 1、2 的变速比分母（编码器转速）
4501	—		传动级 1、2 的变速比分子（主轴转速）
4502	—		传动级 3、4 的变速比分母（编码器转速）
4503	—		传动级 3、4 的变速比分子（主轴转速）

2. 串行主轴配置要点

（1）速度控制系统。速度控制系统使用电机内置编码器，αi、αCi、βi 系列主轴电机标准内置编码器为 Mi、MZi 系列，两者性能相同，但 Mi 无零脉冲。内置编码器的规格如表 3.3.7 所示，编码器分辨率是指细分后的脉冲数。

表 3.3.7　主轴电机内置式编码器规格

电机规格（基座号）	编码器正弦波信号输出/（λ/r）	编码器分辨率/（P/r）
$\alpha 0.5i$	64	2 048
$\alpha 1i \sim \alpha 3i$、$\beta 3i/\beta 6i$	128	2 048
$\alpha 6i \sim \alpha 60i$、$\beta 8i/\beta 12i$	256	4 096

速度控制系统必须设定的参数有：PRM4002.3 ~ PRM4002.0（设定 0000）、PRM4010.2 ~ PRM4010.0、PRM4011.2 ~ PRM4011.0。

（2）接近开关定向型。当主轴通过接近开关实现定向准停时，必须设定的配置参数有 PRM4000.0、PRM4002.3 ~ PRM4002.0（设定 0001）、PRM4004.2（设定 1）、PRM4004.3（设定 0 或 1）、PRM4010.2 ~ PRM4010.0、PRM4011.2 ~ PRM4011.0、PRM4056 ~ PRM4059、PRM4500 ~ PRM4503。

（3）使用内置编码器的位置控制系统。控制系统使用电机内置 MZi 系列编码器作为位置检测元件，必须设定的配置参数有：PRM4000.0（设定 0）、PRM4002.3 ~ PRM4002.0（设定 0001）、PRM4010.2 ~ PRM4010.0（设定 001）、PRM4011.2 ~ PRM4011.0、PRM4056 ~ PRM4059（设定 100 或 1000）。

（4）使用外置编码器的位置控制系统。根据外置编码器的不同，配置参数分别设定如下：

α 型光电编码器：PRM4000.0，PRM4001.4、PRM4002.3 ~ PRM4002.0（设定 0010）、PRM4003.7 ~ PRM4003.4（设定 0000）、PRM4010.2 ~ PRM4010.0、PRM4011.2 ~ PRM4011.0、PRM 4056 ~ PRM4059。

αS 型磁性编码器：PRM4000.0、PRM4001.4、PRM4002.3 ~ PRM4002.0（设定 0100）、RM4003.7 ~ PRM4003.4（设定 0000）、PRM4010.2 ~ PRM4010.0、PRM4011.2 ~ PRM4011.0、PRM 4056 ~ PRM4059。

BZi、CZi 型磁性编码器：PRM4000.0、PRM4001.4、PRM4002.3 ~ PRM4002.0（设定 0011）、PRM4003.7 ~ PRM4003.4、PRM4010.2 ~ PRM4010.0、PRM4011.2 ~ PRM4011.0、PRM4056 ~ PRM4059。

（5）非 1∶1 连接的外置编码器位置控制系统。必须设定的专用配置参数有：PRM4000.0、PRM4001.4、PRM4002.3 ~ PRM4002.0、PRM4003.7 ~ PRM4003.4、PRM4007.6（设定 1）、PRM4010.2 ~ PRM4010.0（设定 000）、PRM4011.2 ~ PRM4011.0、PRM4016.5（设定 0）、PRM4056 ~ PRM4059、PRM4500 ~ PRM4503。

（三）串行主轴的配置实例

例 3：假设某数控铣床的主轴系统主要技术参数如下，试确定主轴配置参数。

控制要求：串行主轴速度控制。

主电机型号：FANUC-α 8/8000i。

速度检测：内置 Mi 型磁性编码器。

主轴与电机连接：同步皮带固定减速，减速比为 2：1。

参数确定：根据系统结构，串行主轴的主要配置参数确定如下。

PRM4000.0 = 0（主轴与电机转向同）。

PRM4001.4 = 0（主轴与编码器转向同）。

PRM4002.3 ~ PRM4002.0 = 0000（无位置检测编码器）。

PRM4010.2 ~ PRM4010.0 = 000（内置 Mi 型磁性编码器）。

PRM4011.2 ~ PRM4011.0 = 010（编码器正弦波输出周期为 256λ/r）。

PRM4056 ~ PRM4059 = 200（主轴与主电机的传动比为 2：1）。

PRM4171 ~ PRM4174 = 0（速度检测编码器与主轴的附加变速比为 1）。

PRM4334 = 0（使用标准编码器）。

例 4：假设某加工中心的主轴系统主要技术参数如下，试确定主轴配置参数。

控制要求：串行主轴速度、位置控制。

主电机型号：FANUC-α 8/8000i。

速度/位置检测：电机内置 MZi 型磁性编码器。

主轴与电机连接：同步皮带，减速比为 1：1。

参数确定：根据系统结构，串行主轴的主要配置参数确定如下。

PRM4000.0 = 0（主轴与电机转向同）。

PRM4001.4 = 0（主轴与编码器转向同）。

PRM4002.3 ~ PRM4002.0 = 0001（位置检测使用电机内置编码器）。

PRM4003.7 ~ PRM4003.4 = 0000（编码器正弦波输出周期为 256λ/r）。

PRM4010.2 ~ PRM4010.0 = 001（电机内置 MZi 型磁性编码器）。

PRM4011.2 ~ PRM4011.0 = 010（编码器规格为 256λ/r）。

PRM4056 ~ PRM4059 = 100（主轴与电机的传动比为 1：1）。

PRM4171 ~ PRM4174 = 0（速度检测编码器与主轴的附加变速比为 1）。

PRM4334 = 0（使用标准编码器）。

PRM4361 = 0（使用标准编码器）。

PRM4500 ~ PRM4503 = 0（主轴与位置编码器间的变速比为 1）。

例 5：假设某加工中心的主轴系统主要技术参数如下，试确定主轴配置参数。

控制要求：串行主轴速度、位置控制。

主电机型号：FANUC-α 22/7000i。

速度检测：电机内置 Mi 型磁性编码器。

位置检测：外置 α 型光电编码器。

主轴与电机连接：2 级齿轮变速，减速分别为 1：1、4：1。

主轴与位置编码器连接：同步带 1∶1 连接。

参数确定：根据系统结构，串行主轴的主要配置参数确定如下。

PRM4000.0 = 0（主轴与电机转向同）。

PRM4001.4 = 0（主轴与编码器转向同）。

PRM4002.3 ~ PRM4002.0 = 0010（外置编码器为 α 型光电编码器）。

PRM4003.7 ~ PRM4003.4 = 0000（外置编码器规格为 α 型光电编码器）。

PRM4010.2 ~ PRM4010.0 = 000（电机内置编码器为 Mi 型磁性编码器）。

PRM4011.2 ~ PRM4011.0 = 010（电机内置编码器正弦波输出周期 256λ/r）。

PRM4056 = 100（传动级 1 不使用，设定主轴与电机的传动比为 1∶1）。

PRM4057 = 100（传动级 2 不使用，设定主轴与电机的传动比为 1∶1）。

PRM4058 = 100（传动级 3，主轴与电机的传动比为 1∶1）。

PRM4059 = 400（传动级 4，主轴与电机的传动比为 4∶1）。

PRM4171 ~ PRM4174 = 0（速度检测编码器与主轴的附加变速比为 1）。

PRM4334 = 0（标准电机内置编码器）。

PRM4361 = 0（标准外置编码器）。

PRM4500 ~ PRM4503 = 0（主轴与编码器间的附加变速比为 1）。

【实战演练】

一、主轴参数集成页面（设定、调整、监控页面）

主轴参数初始化和设定、调整既可以按照通常的方法，在系统参数页面，根据主轴参数初始化步骤和具体的主轴参数含义分别设定，也可以在主轴参数集成页面设定，FANUC 系统提供了主轴参数集成页面，常规的主轴参数都可以在此页面设定。

某 0i-TD 系统，选用的主轴放大器规格是 βiSVSP-11，主轴电机规格是 βi16/10 000（2 000/10 000 min^{-1}），主轴电机订货号为 A06B-1445-B103，主轴电机与主轴以同步带 1∶1 连接，数控系统与主轴电机以及主轴连接示意图如图 3.3.5 所示，主轴最高转速为 6 000 r/min，主轴参数集成页面设置步骤如下所述。

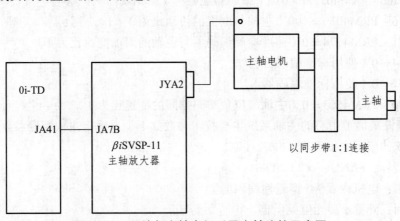

图 3.3.5　系统与主轴电机以及主轴连接示意图

（1）在正常通电和工作情况下，按急停按钮，使系统处于紧急停止状态。

（2）在 MDI 方式下，按功能键 ，单击【设定】，选择设定页面，确认"写参数 = 1"，会出现 SW0100 报警信息。

（3）多按几次 键，单击【参数】，检查设置确认以下主轴参数：3716#0 = 1、8133#5 = 0、3111#1 = 1，使系统允许控制串行主轴和显示主轴页面。

（4）多按几次功能键 ，出现参数等页面，单击【 + 】、【SP 设定】，出现如图 3.3.6 所示的页面。

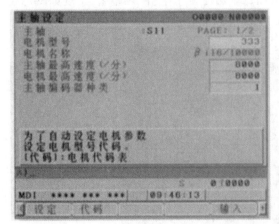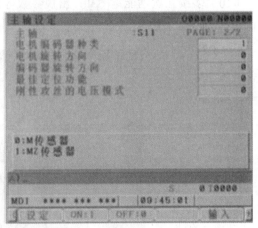

图 3.3.6　主轴设定页面

（5）主轴设定页面最多有两页，可以按翻页键进入下一页。主要的主轴参数都在这两页直观提供。当光标进入电机型号时，可以单击【（操作）】、【代码】进入电机代码清单，如图 3.3.7 所示。若本页面中没有对应的电机代码，按上、下翻页键查找。移动光标选择系统实际连接的主轴规格。

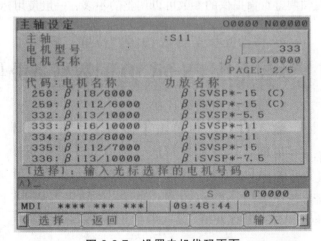

图 3.3.7　设置电机代码页面

（6）主轴电机最高转速根据购买的主轴电机规格来确定。主轴最高转速根据主轴机械设计指标确定。此例中主轴电机最高转速设置为 8 000 r/min，主轴最高转速设置为 8 000 r/min。

（7）当光标分别移动到主轴编码器种类和电机编码器种类位置时，在页面下方提供了类别选择菜单，可以根据实验设备或项目的具体连接选择。假如设置不正确，在使用过程中，系统会报警。本案例中主轴传感器使用了位置编码器，所以主轴编码器种类设为 1，由于电机规格后缀是 B103，传感器类型是 MZi，所以电机编码器种类设为 1。

（8）电机旋转方向与位置编码器方向根据实际情况设置即可。假如设置不正确，在使用过程中，系统会报警。

（9）根据提示决定是否要断电。如要断电，断电后再上电。

（10）多按几次功能键，出现参数等页面，单击【 + 】、【 SP 调整 】，出现如图 3.3.8 所示的页面。

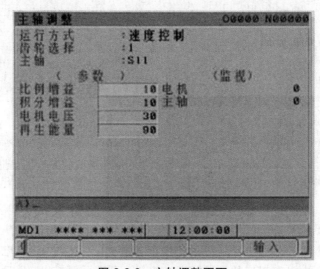

图 3.3.8　主轴调整页面

速度控制方式主轴调整页面提供的参数可以调整的不多，一般使用标准参数即可。

任务四　数控系统 FS-0iC/D 的数据备份与恢复

【工作内容】

（1）简述引导系统数据处理方法。

（2）对引导系统数据文件进行分类。

（3）对数据存储器进行分类。

（4）对 SRAM 和 FLASH ROM 数据的备份和恢复进行操作。

【知识链接】

在机床所有参数调整完成后，需要对出厂参数等数据进行备份，并存档，最好是机床生产厂商有一份存档，随机给用户一份（光盘），用于机床出故障时的数据恢复。

一、引导系统数据处理概述

机床通电后，数控系统就会开始执行 CNC 软件。首先要建立引导系统，将 CNC 软件从 FLASH ROM 中读到 DRAM 中去，然后启动 CNC 软件。在引导屏页面中还可以进行数据备份和恢复操作。

此外，引导系统在 CNC 的系统维护方面还具有如下功能：

（1）文件写入 FLASH ROM。从 FAT16 格式的存储卡中将文件读入闪存存储器中（若是 FAT32 格式的存储卡，则无法进行识别）。

（2）确认 FLASH ROM 上的文件（系列、版本）。

（3）确认存储卡内的文件（系列、版本）。

（4）删除 FLASH ROM 中的文件。

（5）删除存储卡中的文件。

（6）将 FLASH ROM 中的文件保存到存储卡中。

（7）将参数、程序等需要电池保护的备份数据（SRAM 区）统一保存到存储卡中，并进行数据恢复。

（8）存储卡格式化。

二、引导系统数据文件分类

引导系统数据文件主要分为系统文件、MTB（机床制造厂）文件和用户文件。

（1）系统文件：FANUC 公司提供的 CNC 和伺服控制软件称为系统文件。

（2）MTB 文件：包括 PMC 程序、机床制造厂编辑的宏程序执行器（Manual Guide 及 CAP 程序等）。

（3）用户文件：包括系统参数、螺距误差补偿值、加工程序、宏变量、刀具补偿值、工件坐标系数据、PMC 参数等。

在 FLASH ROM 中处理的用户文件，根据其种类而赋予独有的文件名。用户文件的文件名及其对应的种类如表 3.4.1 所示。

表 3.4.1　用户文件的文件名及其对应的种类

文件名	种　类
PMC□	梯形图程序
M□PMCMSG	PMC 信息各国语言数据
CEX□.□M	C 语言执行器用户应用程序
CEX□○○○○	C 语言执行器用户数据
PD□□-□□□	宏执行器用户应用程序

注："□"表示 1 个字符的数字，"○"表示 1 个字符的字母或数字。

三、数据存储器知识

FANUC 0i 系列数控系统与其他数控系统一样，利用不同的存储空间存放不同的数据文件，存储空间主要分为以下两类。

（1）FLASH ROM：只读存储器，如图 3.4.1 所示。

该存储器在数控系统中作为系统存储空间，用于存储系统文件和 MTB（机床制造厂）文件。

图 3.4.1　FLASH ROM 芯片

（2）SRAM：静态随机存储器，如图 3.4.2 所示。

该存储器在数控系统中用于存储用户文件，断电后需要电池保护，该存储器中的数据易丢失（如电池电压过低、SRAM 损坏时）。

图 3.4.2　SRAM 芯片

当系统电池电力不足，需要更换电池时，主板上的储能电容可以保持 SRAM 芯片中的数据约 30 min。储能电容如图 3.4.3 所示。

图 3.4.3　储能电容

四、SRAM 和 FLASH ROM 数据的备份与恢复

SRAM 中的数据由于断电后需要电池保护，有易失性，所以备份数据非常重要。此类数据需要通过引导页面备份的方式或者通过数据输入/输出的方式保存。通过引导页面备份方式保存的数据无法用写字板、Microsoft Office Word 或 Microsoft Office Excel 打开，即无法用文本格式阅读数据。但是通过数据输入/输出方式得到的数据可以通过写字板、Microsoft Office Word 或 Microsoft Office Excel 打开。而数据输入/输出方式又分为 CF 卡方式和 RS-232C 串行口方式，如图 3.4.4 所示。

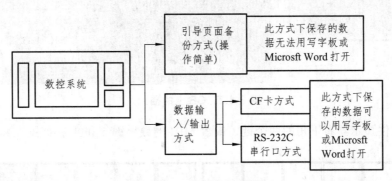

图 3.4.4　数据备份方式

FLASH ROM 中的数据相对稳定，一般情况下不易丢失，但是如果遇到更换主板或存储器板的情况，FLASH ROM 中的数据也有可能丢失，其中 FANUC 系统文件在购买备件或修

复时可以由 FANUC 公司恢复，但是 MTB（机床制造厂）文件也会丢失，因此，MTB（机床制造厂）文件的备份也是必要的。

【实战演练】

一、存储卡进行数据备份

建议使用存储卡进行数据备份，存储卡可以在市面上购买或者从 FANUC 公司购买，一般使用 CF 卡和 PCMCIA 适配器。如果在市面上购买，需要挑选质量好的存储卡和适配器。

（一）参数设定（见表 3.4.2）

表 3.4.2 参 数 设 定

参数号	设定值	说 明
20	4	使用存储卡作为输入/输出设备

（二）SRAM 数据备份

正确插上存储卡，如图 3.4.5 所示。

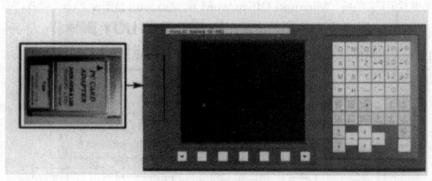

图 3.4.5 CF 卡的插入

开机前按住显示器右下角的两个键（或者 MDI 的数字键 6 和 7），如图 3.4.6 所示。

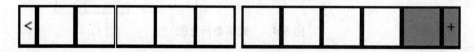

图 3.4.6 显示器按键

图 3.4.6 有 12 个软键，对于有 7 个软键的显示器，也是按住最右边两个键，直到 BOOT
画面显示出来，再松开按键，如图 3.4.7 所示。具体步骤如下：

```
SYSTEM MONITOR MAIN MENU
1. END
2. USER DATA LOADING
3. SYSTEM DATA LOADING
4. SYSTEM DATA CHECK
5. SYSTEM DATA DELETE
6. SYSTEM DATA SAVE
7. SRAM DATA UTILITY
8. MEMORY CARD FORMAT
 * * * MESSAGE * * *
SELECT MENU AND HIT SELECT KEY。
[SELECT] [ YES ] [ NO ] [ UP ] [ DOWN ]
```

图 3.4.7 BOOT 画面

（1）按下软键【UP】或【DOWN】，把光标移动到"7. SRAM DATA UNILITY"处。
（2）按下【SELECT】键，显示 SRAM DATA UTILITY 画面，如图 3.4.8 所示。

```
SRAM DATA BACKUP
1. SRAM BACKUP  （ CNC→MEMORY CARD ）
2. RESTORE SRAM  （MEMORY CARD→CNC ）
3. AUTO BKUP RESTORE  （ F-ROM→CNC ）
4. END
 * * * MESSAGE * * *
SELECT MENU AND HIT SELECT KEY。
[SELECT] [ YES ] [ NO ] [ UP ] [ DOWN ]
```

图 3.4.8 SRAM DATA UTILITY 画面

（3）按下软键【UP】或【DOWN】，进行功能选择。
SRAM BACKUP：使用存储卡备份数据。
RESTORE SRAM：向 SRAM 恢复数据。
AUTO BKUP RESTORE：自动备份数据的恢复。

（4）按下软键【SELECT】。

（5）按下软键【YES】，执行数据的备份和恢复。

执行"SRAM BUCKUP"时，如果在存储卡上已经有了同名的文件，会询问"OVER WRITE OK？"，可以覆盖时，按下【YES】键继续操作。

（6）执行结束后，显示"…COMPLETE. HIT SELECT KEY"信息。按下【SELECT】软键，返回主菜单。

（三）系统数据的分别备份

上述 SRAM 数据备份后，还需要进入系统，分别备份系统数据，如参数等。

1. 系统参数

（1）解除急停。

（2）在机床操作面板上选择 EDIT（编辑）。

（3）依次按下功能键 📺 和软键 参数 ，出现参数画面，如图 3.4.9 所示。

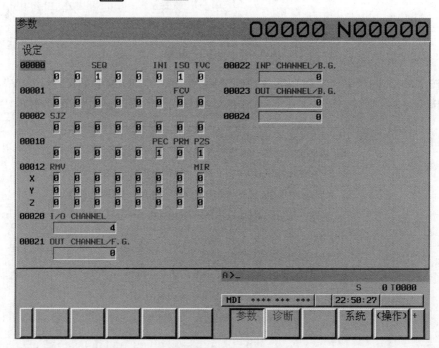

图 3.4.9　参数画面

（4）依次按下软键【（操作）】、【文件输出】、【全部】、【执行】，CNC 参数被输出。输出文件名为"CNC-PARA. TXT"。

2. PMC 程序（梯形图）的保存

进入 PMC 画面后，按软键【I/O】，执行如图 3.4.10 所示的画面。

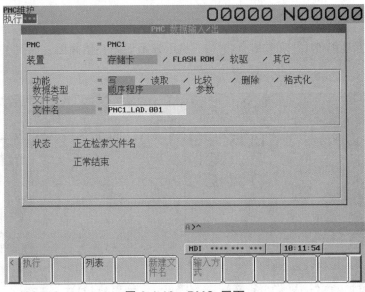

图 3.4.10　PMC 画面

　　按照上述每项设定，按下软键【执行】，则 PMC 梯形图以文件名"PMC1_LAD.001"保存到存储卡上。

3. PMC 参数的保存

　　进入 PMC 画面后，按软键【I/O】，执行如图 3.4.11 所示的画面。

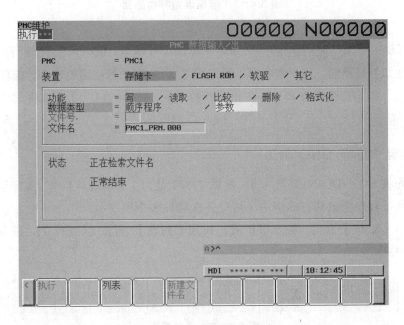

图 3.4.11　PMC 参数保存

　　按照上述每项设定，按下软键【执行】，则 PMC 参数以文件名"PMC1_PRM.000"保存到存储卡上。

4. 螺距误差补偿量的保存

（1）依次按下功能键 [SYSTEM] 和软键 [＊ 螺补]，显示螺距误差补偿画面，如图 3.4.12 所示。

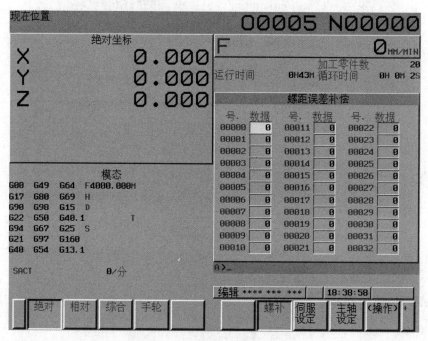

图 3.4.12　螺距误差补偿画面

（2）依次按下软键 [（操作）]、[＊ 文件输出]、[执行]，输出螺距误差补偿量。输出文件名为"PITCH. TXT"。

（3）其他如刀具补偿、用户宏程序（换刀用等）、宏变量等也需要保存，操作步骤基本和上述方法相同，都是在编辑方式下，在相应的画面下，按【（操作）】、【文件输出】、【执行】即可。

5. 用存储卡进行 DNC 加工

（1）首先将 I/O CHANNEL 设为 4，参数 138#7 设为 1（存储卡 DNC 加工有效）。

（2）将加工程序拷贝到存储卡中（可以一次拷贝多个程序）。

（3）选择【RMT】方式，按右键扩展，找到【列表】，再按【（操作）】，进入如图 3.1.13 所示的菜单界面。

图 3.4.13　菜单界面

（4）按【设备选择】、选择【存储卡】，出现如图 3.1.14 所示的操作画面。

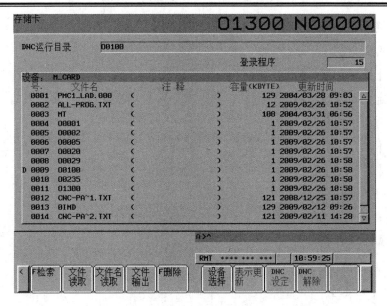

图 3.4.14　存储卡界面

（5）选择需要加工的程序号，按【DNC 设定】。

（6）按机床操作面板上的循环启动按钮，就可以执行 DNC 加工了。

二、系统参数输入/输出

1. 系统参数输出步骤

（1）确认输出设备已经准备好。

（2）通过参数指定输出代码（ISO 或 EIA）。

（3）使系统处于编辑（EDIT）状态。

（4）按下功能键，出现参数页面。

（5）单击【参数】。

（6）单击【（操作）】。

（7）按下最右边的软键 ▶ （菜单扩展键）。

（8）单击【F 输出】。

（9）要输出所有的参数，单击【全部】。要想输出设置为非 0 的参数，单击【样本】。

（10）单击【执行】，屏幕右下角显示"输出"字样，输出完成后，"输出"字样消失。

2. 系统参数输入步骤

（1）确认输入设备已经准备好。

（2）计算机侧准备好所需要的程序页面（相应的操作参照所使用的通信软件的说明书）。

（3）使系统处于急停状态（EMERCENCY STOP）。

（4）按下功能键 [图]。

（5）单击【设定】，出现设定页面。

（6）在设定页面，令"写参数 = 1"，会出现报警 SW0100（表明参数可写）。

（7）按下功能键 [图]。

（8）单击【参数】，出现参数页面。

（9）单击【(操作)】。

（10）按下最右边的软键 [►]（菜单扩展键）。

（11）单击【F 读取】，然后单击【执行】，参数被读到内存中。输入完成后，页面的右下角出现的"输入"字样消失。

（12）按下功能键 [图]。

（13）单击【设定】。

（14）在设定页面中，令"写参数 = 0"。

（15）切断 CNC 电源后再通电。

（16）解除系统的急停状态。

三、螺距误差补偿值输入/输出

1. 螺距误差补偿值输出步骤

（1）确认输出设备已经准备好。

（2）通过参数指定穿孔代码（ISO 或 EIA）。

（3）使系统处于编辑（EDIT）状态。

（4）按下功能键 [图]。

（5）按下最右边的软键 [►]（菜单扩展键），并单击章节选择按钮【螺补】。

（6）单击【(操作)】。

（7）按下最右边的软键 [►]（菜单扩展键）。

（8）单击【F 输出】，然后单击【执行】。

2. 螺距误差补偿值输入步骤

（1）确认输入设备已经准备好。

（2）计算机侧准备好所需要的程序页面（相应的操作参照所使用的通信软件的说明书）。

（3）使系统处于急停状态。

（4）按下功能键 [图]。

（5）单击章节选择按钮【设定】。

（6）在设定页面中，令"写参数 = 1"，会出现报警 SW0100（表明参数可写）。

（7）按下功能键。

（8）按下最右边的软键▶（菜单扩展键），然后单击章节选择按钮【螺补】。

（9）单击【（操作）】。

（10）按下最右边的软键▶（菜单扩展键）。

（11）单击【F 读取】，然后单击【执行】，参数被读到内存中。输入完成后，在页面的右下角显示的"输入"字样消失。

（12）按下功能键。

（13）单击【设定】。

（14）在设定页面中，令"写参数 = 0"。

（15）切断 CNC 电源后再通电。

（16）解除系统的急停状态。

项目四　FS-0iC/D 的故障诊断与维修

【知识目标】

（1）掌握 CNC 硬件检查与维修。

（2）掌握 CNC 系统常见故障报警处理。

（3）理解故障的综合分析与处理。

【能力目标】

（1）能够对 CNC 硬件进行检查与维修。

（2）能够对 CNC 系统常见故障报警进行处理。

（3）能够对数控系统故障进行综合分析与处理。

【职业素养】

（1）培养学生高度的责任心和耐心。

（2）培养学生动手、观测、分析问题、解决问题的能力。

（3）培养学生查找资料和自学的能力。

（4）培养学生与他人沟通的能力，塑造自我形象、推销自我。

（5）培养学生的团队合作意识及具备企业员工意识。

任务一　CNC 硬件检查与维修

【工作内容】

（1）在 CNC 上进行通电启动试验，可以做 CNC 的开机自诊断过程工作。

（2）可以检查 CNC 系统的配置情况，记录相关系统配置信息。

（3）检查、确认 CNC 系统的伺服配置信息，必要时可以进行伺服配置的重新设定。

（4）检查、确认 CNC 系统的主轴配置信息，必要时可以进行主轴配置的重新设定。

（5）对数控系统的轴卡、主板、存储卡进行更换。

【知识链接】

一、CNC 的配置与检查

配置正确的硬件、软件是 CNC 正常工作的基本条件，软件、硬件配置错误，更换与重新安装都可能引起 CNC 出现停机、配置出错等故障，维修时需要对此进行检查。

1. 开机自诊断信息

一般而言，CNC 的硬件模块与配置信息，可通过 CNC 的自诊断功能进行检查，这一检查在 CNC 开机过程自动进行，出现错误时将显示相应的信息。

在 CNC 电源接通后，CNC 操作系统将首先自动检查 CNC 的硬件，如果检测到硬件安装存在问题或硬件存在故障，显示将停止在如图 4.1.1 所示的页面。

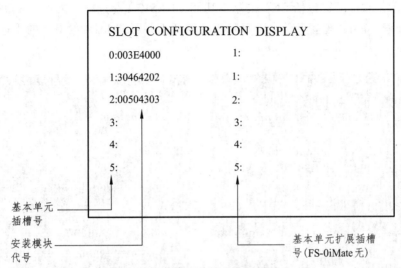

图 4.1.1　硬件故障显示信息

故障模块可在安装模块的代号上反映，代号由 8 位十六进制数组成，意义如图 4.1.2 所示。

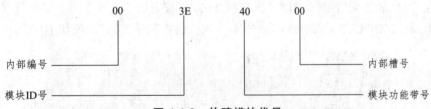

图 4.1.2　故障模块代号

模块 ID 号代表 CNC 组成模块的类型，如 18、19、1C 代表不同系列、规格的 CPU 板等。ID 号与产品生产时间、软件功能等因素有关，在不同的 CNC 上有所区别。当硬件模块出现故障时，可通过安装在模块上的指示灯来分析故障原因（见后述）或进行模块的更换。

如果 CNC 的硬件安装正确，模块无故障，则操作系统还可接着显示模块设定与软件配置页面。模块设定页面可显示 CNC 主板上的模块自动设定过程，"END"代表模块安装、设定完成，若无显示则表明该模块正在设定中。硬件设定完成后，CNC 可以通过软件配置页面，显示 CNC 系统所配置的主要软件的版本号。

2. 正常工作时的检查

当 CNC 正常启动后，如需要，可通过如下操作显示、确认 CNC 的系统配置，以便 CNC

的更换与维修。FS-0iC/D 的系统配置显示稍有不同，但操作步骤相同。

（1）按 MDI/LCD 面板上的功能键【SYSTFM】，进入 CNC 的系统显示。

（2）选择功能键【SYSTEM】，显示系统配置。系统配置的显示如图 4.1.3 所示，显示共有 3～4 页，可通过 MDI 面板上的【选页】键选择显示的内容。图 3.1.3 为第 1 页显示，内容为主板安装插槽（SLOT）检查，如 CNC 未使用多槽主板，则仅显示主板 ID 号、软件系列（SERIES）与版本（VERSION）。

（3）按 MDI 面板上的【选页】键，可继续显示 CNC 的软件配置情况（SOFTWARE），如图 4.1.4 所示。软件配置包括 CNC 的基本功能（BASIC）与选择功能配置（OPTION-An）、伺服驱动器配置、PMC 配置等信息，显示内容有两页，可按 MDI 面板上的【选页】键选择显示的内容。

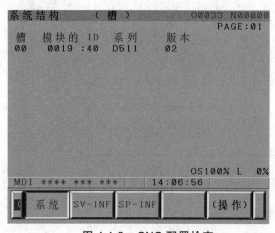

图 4.1.3　CNC 配置检查

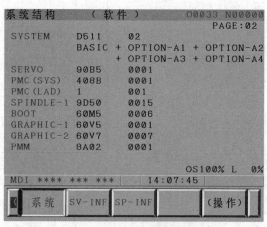

图 4.1.4　CNC 软件配置显示

（4）在 CNC 软件配置显示页面，再次按 MDI 面板上的【选页】键，可继续显示系统的模块配置页面（MODULE），如图 4.1.5 所示，该页面可显示 CNC 的模块 ID 号。

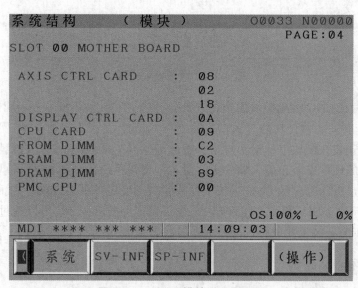

图 4.1.5　CNC 模块 ID 号显示

二、伺服与主轴配置的检查

1. 伺服配置检查

当 CNC 正常工作时，按 MDI/LCD 面板上的功能键【SYSTFM】，在如图 4.1.5 所示的页面上选择功能键【SV-INF】，便可以显示如图 4.1.6 所示的伺服配置页面（FS-0iC/D 的系统配置显示稍有不同，但操作步骤相同）。

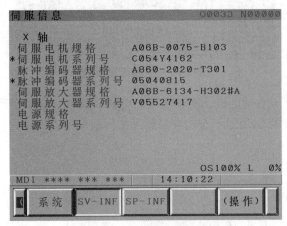

图 4.1.6 伺服配置页面

伺服配置页面可显示伺服电机、编码器、伺服模块、电源模块的规格和生产系列号。这些信息在 CNC 伺服驱动配置完成后被保存，CNC 每次开机时均需要对驱动器进行一次检测，如由于维修原因更换了驱动模块，在配置页面中将显示标记"*"。这时，可按如下方法进行配置的重新设定。

2. 伺服配置的重新设定

驱动器的重新设定可直接在伺服配置页面上进行，操作步骤如下：

（1）选择 MDI 操作模式，取消 CNC 的参数写入保护。

（2）设定参数 PRM13112.0(IDW) = 1，使伺服配置的 ID 参数写入成为允许状态。

（3）在伺服配置页面，用光标键选定需要修改的项目。

（4）按软功能键【OPTR】，显示操作菜单。

（5）利用地址、数字键和操作菜单中的软功能键【INPUT】（输入）、【DELETE】（删除）、【CANCEL】（修改）进行配置信息的修改，完成后用软功能键【SAVE】（保存）将其保存到 FROM 中。利用软功能键【RELOAD】（装载）也可将 FROM 中的伺服配置信息转载到显示页面。

3. 串行主轴配置检查

FANUC 串行主轴的配置信息同样可在 LCD 上显示与修改,其操作方法与伺服配置类似。当 CNC 正常工作后，按 MDI/LCD 面板上的功能键【SYSTEM】，并选择软功能键【SP-INF】，即可显示如图 4.1.7 所示的主轴配置页面。

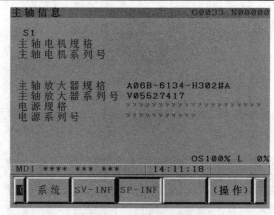

图 4.1.7　主轴配置页面

主轴配置页面可显示主轴电机、主轴模块、电源模块的规格与生产系列号，页面中显示标记"*"的为参数与实际驱动器不符的项目，可按伺服配置设定相同的方法，进行主轴配置的重新设定。

【实战演练】

一、轴卡更换

更换轴卡时，小心不要接触高压电路部分（该部分带有标记并配有绝缘盖）。如果取下盖板，接触该部分会导致触电。更换轴卡前，要对 SRAM 存储器中的内容（参数、程序等）进行备份。因为在更换过程中，会丢失 SRAM 存储器中的内容。

轴卡的拆卸步骤如下：

（1）将固定着轴卡的垫片（2 处）的卡爪向外拉，拔出闩锁，如图 4.1.8（a）所示。

（2）将轴卡向上方拉出，如图 4.1.8（b）所示。

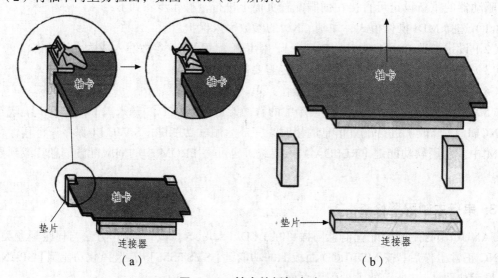

图 4.1.8　轴卡的拆卸方法

轴卡的安装步骤如下：

（1）确认垫片配件已经被提起。

（2）为对准轴卡基板的安装位置，使垫片抵接于轴卡基板的垫片固定端面上，对好位置，如图 4.1.9 所示（此时若将连接器一侧稍抬高而仅使垫片一侧下垂，则较容易使轴卡基板抵接于垫片并定好位置）。

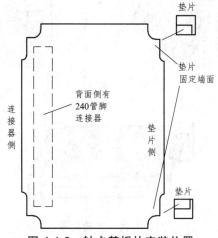

图 4.1.9　轴卡基板的安装位置

（3）在使轴卡基板与垫片对准的状态下，慢慢地下调连接器一侧，使得连接器相互接触。

（4）若使轴卡基板沿着箭头方向稍向前、向后移动，则较容易确定嵌合位置。

（5）慢慢地将轴卡基板的连接器一侧推进去。此时，应推压连接器背面附近的轴卡基板。插入连接器大约需要 98 N 的力量。若已超过这一力量但仍然难以嵌合，位置偏离的可能性较大，这种情况下会导致连接器破损，应重新进行定位操作（注意：绝对不要按压集成电路等上面贴附的散热片，否则将导致其损坏）。

（6）将垫片配件推压进去。

（7）确认垫片（4 处）的卡爪已被拉向外侧并被锁定，将轴卡插入连接器，如图 4.1.10 所示。

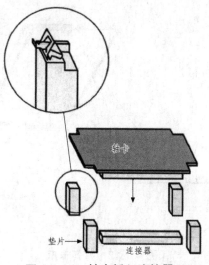

图 4.1.10　轴卡插入连接器

（8）将垫片（4处）的卡爪向下按，固定轴卡，如图 4.1.11 所示。

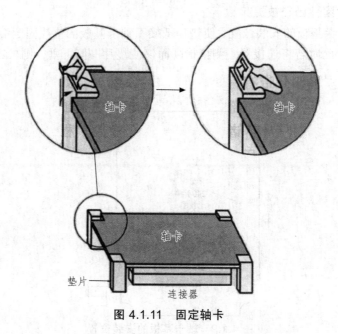

图 4.1.11　固定轴卡

二、存储卡更换

打开机柜更换存储卡时，注意不要接触到高压电路部分（该部分带有标记并配有绝缘盖）。触摸不加盖板的高压电路会导致触电。更换存储卡前，要对 SRAM 存储器的内容（参数、程序等）进行备份。

存储卡拆卸方法如下：

（1）将插口的卡爪向外打开，如图 4.1.12 所示。

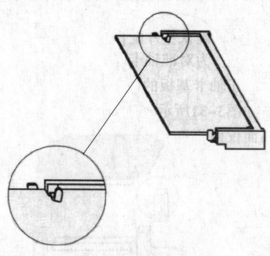

图 4.1.12　打开卡爪

（2）向斜上方拔出存储卡，如图 4.1.13 所示。

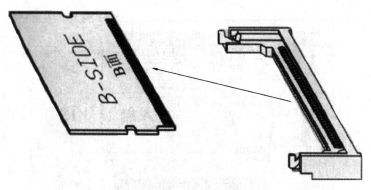

图 4.1.13　向斜上方拔出存储卡

存储卡安装方法如下：

（1）B 面向上，将存储卡斜着插入存储卡插口。

（2）放倒存储卡，直到其锁紧，如图 4.1.14 所示。此时，按压图 4.1.14 中的虚线框处的两点将其放倒。

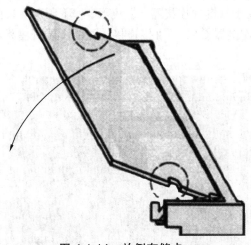

图 4.1.14　放倒存储卡

三、主板更换

主板更换前，要对 SRAM 存储器的内容（参数、程序等）进行备份，因为在更换过程中，有可能丢失 SRAM 存储器保存的数据，并注意不要接触到高压电路。

（1）拧下固定着壳体的两个螺钉，如图 4.1.15 所示（主板上连接有电缆时，拆除电缆后进行作业）。

（2）一边拆除闩锁在壳体上部两侧的基座金属板上的卡爪，一边拉出壳体。可以在壳体上安装着后面板、风扇、电池的状态下拔出，如图 4.1.15 所示。

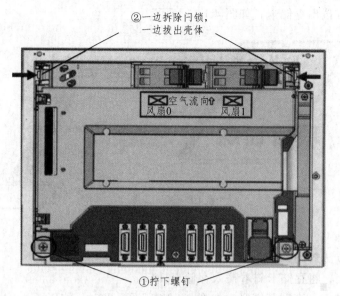

图 4.1.15　系统壳体的拆卸

（3）将电缆从主板上的连接器、CA88 A（PCMCIA 卡接口连接器）、CA79 A（视频信号接口连接器）、CA122（用于软键的连接器）上拔下，拧下固定主板的螺钉，如图 4.1.16 所示。主板与逆变器 PCB 通过连接器 CA121 直接连接，以向下错开主板的方式拆下主板。

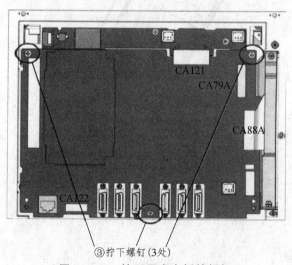

图 4.1.16　拧下固定主板的螺钉

（4）更换主板。

（5）对准壳体的螺钉以及闩锁的位置，慢慢地嵌入。通过安装壳体，壳体上所附带的印制电路板即可与主板和连接器相互接合。一边确认连接器的接合状态，一边以不施加过猛外力为原则按压盖板。

（6）确认壳体的闩锁挂住以后，拧紧壳体的螺钉。轻轻按压风扇和电池，确认已经接合（若已经拆除了主板的电缆，应重新装设电缆）。

任务二　常见报警的处理

【工作内容】

（1）简述报警号显示报警与文本提示报警、CNC 报警与机床报警的区别。

（2）简述编程错误发生的原因和一般处理方法。

（3）简述超程报警发生的原因、保护措施和一般处理方法。

（4）简述系统报警发生的原因和一般处理方法。

【知识链接】

一、CNC 报警的分类

当数控机床发生故障时，在绝大多数情况下，LCD 均能显示相应的报警号与故障提示信息。根据 CNC 报警显示进行故障的维修处理，是数控机床维修过程中使用最广、最为基本的维修技术，也是维修人员所必须掌握的基本方法之一。

CNC 系统故障维修时，一般可先根据 CNC 所显示的报警号，大致确定故障部位，并由此来分析发生故障可能的原因，并进行相应的维修处理。当 CNC 显示功能故障，或出现的报警原因众多，或无报警显示但动作无法正常进行时，则需要根据系统各组成模块的状态指示灯、PMC 的 I/O 信号状态检查、PMC 程序分析等方法进行综合检查、分析，确定故障原因，并进行相应的维修处理。

根据报警显示的不同形式，FS-0iC/D 可分为报警号显示与文本提示两类报警。前者既有报警号，还有相应的文本提示信息，CNC 的绝大部分报警都属于此类情况；后者只能显示提示文本，报警一般发生在 PMC 程序编辑与数据输入/输出时，在完成调试，已正常使用的机床上较少发生。

根据报警原因的不同，FS-0iC/D 的报警可分 CNC 报警与机床报警（含机床操作者信息）两类，前者为 CNC 生产厂家所设计的报警，在所有 FS-0iC/D 上都具有相同的意义；后者为机床生产厂家所设计的报警，只对特定的机床有效。由于机床报警无普遍意义，因此，维修时需要根据机床生产厂家所提供的使用说明书，对照 PMC 程序进行相关处理。

根据故障部位与引起故障原因的不同，FS-0iC/D 的 CNC 报警可分为 18 类，报警号对应的报警内容如表 4.2.1 所示。

表 4.2.1　FS-0iC/D 的 CNC 报警分类

序号	故障类型	报警号	备　注
1	程序错误或操作报警 1	000～253	P/S 报警
2	程序错误或操作报警 2	5010～5455	P/S 报警（其中 ALM5134～5139/5197/5198 属于驱动系统 FSSB 总线配置报警）

续表 4.2.1

序号	故障类型	报警号	备注
3	伺服系统位置检测报警	300～387	APC 与 SPC 报警
4	伺服系统报警	400～468	SV 报警
5	行程极限报警	500～515	OT 报警
6	伺服系统主回路报警或过热报警	600～613	SV 报警
7	CNC、伺服、主轴过热报警	700～704	OH 报警
8	主轴驱动系统报警	740～784	SP 报警
9	CNC 系统报警	900～999	SYS 报警
10	机床报警	1000～1999	决定于机床生产厂家的设计。参见机床制造厂提供的使用说明书
11	机床操作者信息	2000～2999	
12	用户宏程序报警	3000～3999	
13	串行主轴报警	7000～	—
14	PMC 报警	ER01～ER99	—
15	PMC 程序或控制软件报警	WN02～WN48	—
16	PMC 系统报警	PC000～PC200	—
17	PMC 用户程序出错文本提示	—	用户程序编辑、检查时出现
18	数据输入/输出错误文本提示	—	数据输入/输出时出现

以上报警中，PMC 报警一般在机床 PMC 程序编辑和初次调试时出现，在调试完成已正常使用的机床上较少发生。CNC 的伺服报警和主轴报警则与驱动器硬件、电路连接、参数设定等因素密切相关。

CNC 的编程错误与操作报警、行程限位报警、CNC 系统报警一般只与 CNC 的参数设定、加工程序编制、机床操作、存储器数据格式等因素有关，本任务将对此进行学习。

二、常见的编程报警及处理

编程错误引起的报警通常在编程人员不熟悉 CNC 机床，或是在试制新产品、开发新功能时，或是 CNC 参数设定不当时发生。此类报警的处理通常比较简单，CNC 的报警信息将直接提示故障原因及操作，编程人员只需要根据报警提示，通过修改加工程序便可排除故障，无需进行维修处理。在 FS-0iC/D 上，常见的编程报警、故障原因及处理方法如下：

1. CNC 功能相关的报警

CNC 的功能需要安装相关的控制软件、设定必要的参数，有的甚至需要硬件的支持，因此，部分功能需要用户以"选择功能"的形式，向 FANUC 公司专门订购。如果机床生产厂家所配套的 CNC 上没有订购相关的选择功能，而编程时使用了这样的功能，CNC 就发生相关报警。以下是 FS-0iC/D 常见的与 CNC 功能相关的报警。

（1）ALM010：ALM010 报警是由于 CNC 没有配备相应的选择功能，而在程序中使用了需要选择功能支持的 G 代码，或是程序所指令的 G 代码在现有的 CNC 中不能使用所产生的报警。例如，在铣床、加工中心控制的 FS-0iMC/D 上，使用了车床控制的 FS-0iTC/D 上的特殊 G 代码等。

报警处理：对照 CNC 的编程手册和功能说明，修改程序或修改 CNC 的相关功能参数。

（2）ALM015：ALM015 报警是在程序中指令了超过 CNC 联动轴数的坐标轴同时运动所引发的报警。例如，在只能实现 3 轴联动的机床上，指令了 G01 X××Y××Z××A××F××等需要 4 轴以上联动才能实现的指令等。

报警处理：应检查 CNC 功能和相关参数，修改程序，使得同时运动的坐标轴小于 CNC 的联动轴数，或与生产厂家、FANUC 联系，安装相关的多轴联动软件。

（3）ALM034：ALM034 报警是在一个程序段中编入了不能同时执行的指令所引起的报警。例如，圆弧插补指令 G02/03 和刀具半径补偿生效指令 G40/41/42 或刀具半径补偿撤销指令 G40 在一个程序段上被同时编程，即编入了 G02 G42…或 G02 G40…指令。

报警处理：应在不影响刀具轨迹的前提下修改程序，以避免此类问题的发生。例如，对于上述指令，可按照以下格式进行编程：

…

G42 G01…;　　　　　　//在圆弧插补指令前生效刀具半径补偿功能

G02 X… Y…;　　　　　//在刀具半径补偿有效期间，编制圆弧插补指令

…

G40 G01 X… Y…;　　　//在圆弧插补指令完成后，撤销刀具半径补偿

…

2. 程序参数相关的报警

CNC 的加工程序指令需要按 CNC 规定给定执行指令所必需的程序参数，如果编程时这些参数没有被编入或未事先指定，CNC 就发生相关报警。以下是 FS-0iC/D 常见的与程序参数相关的报警。

（1）ALM011：ALM011 报警是因为没有在切削程序段（G01、G02、03 等指令）编入进给速度参数 F，或是进给速度编制不正确所引起的报警。例如，程序中的 F 值超过了 CNC 参数设定的最大值。

报警处理：应检查程序，确认 F 代码，或检查 CNC 与进给速度有关的参数设定。例如，检查 CNC 的进给速度单位设定参数 PRM1403.0、切削速度上限设定参数 PRM1422 等。

（2）ALM020：ALM020 报警是由于圆弧插补指令的圆心、半径或终点参数存在错误，使得 CNC 无法按照圆弧轨迹移动到指定的终点，实现所需要的圆弧加工。

报警处理：应检查加工程序，确认圆弧插补指令的起点、终点、圆心、半径等插补参数，保证圆弧终点指到圆弧上。

（3）ALM033：ALM033 报警是由于刀具半径补偿指令格式错误，使得 CNC 无法生成刀具半径补偿矢量而产生的报警。例如，在刀具半径补偿指令有效期间，程序中出现了连续多条"非补偿平面"的运动指令，如单独的 M 代码指令、T 代码指令、S 代码指令、G04 暂停指令、FS-0iMC/D 的 Z 轴运动指令等。

报警处理：应检查、修改加工程序，尽可能保证程序在刀具半径补偿有效期间的指令均为连续的补偿平面运动指令。

3. 程序编辑相关的报警

一般情况下，数控机床常用的加工程序多数保存在 CNC 的 RAM 中，且其存储器容量受到物理存储器的限制。编辑 CNC 加工程序时，需要将程序输入到存储器上进行保存，或对存储器现有的程序进行修改，这一过程同样可能导致 CNC 的报警。以下是 FS-0iC/D 常见的与程序编辑相关的报警。

（1）ALM070：ALM070 报警是由于 CNC 存储器容量不足而引起的报警。当 CNC 所存储的加工程序已经到达或接近 CNC 存储器容量时，新的程序输入将引起存储器的溢出，从而发生 ALM070 号报警。

报警处理：产生 ALM070 报警时，需要通过清理 CNC 中现有的加工程序，使得存储器留出足够的容量来保存新的程序。

（2）ALM072：ALM072 报警是由于 CNC 内部所存储的程序个数超过了允许范围所产生的报警。保存在 CNC 存储器中的加工程序，不仅需要用来保存程序数据的存储区域，而且还需要有用于程序管理的存储区域。因此，CNC 不但对加工程序的数据有容量的限制，而且对程序的数量也有限制。在 FS-0iC/D 上，如果 CNC 所存储的加工程序个数到达 200 个，不管程序数据是否已经超过了物理存储器的容量，都将发生 ALM072 报警。

报警处理：清理 CNC 中现有的加工程序，使得存储器内存储的程序数量小于 200 个。

（3）ALM075：ALM075 报警是对被保护的加工程序进行编辑时所产生的报警。数控机床上有一部分控制程序可能涉及坐标轴、主轴的运动。例如，自动换刀控制程序、工作台交换程序等，这样的程序一般需要以宏程序等形式保存在 CNC 的加工程序存储区域。为了防止这些程序被操作者意外修改，导致机床故障，机床生产厂家往往需要对此类程序加以保护。如果操作者试图修改此类程序，CNC 将发生 ALM075 报警。

报警处理：原则上说，操作者不应对机床生产厂家所保护的程序进行修改。但是，有时出于维修的需要，维修人员需要了解这些程序的细节，可以通过如下参数的设定，使得保护程序的显示、编程成为允许。

PRM3202.0 = 0：程序 O8000～O8999 的编辑允许。

PRM3202.4 = 0：程序 O9000～O9999 的编辑允许。

PRM3232.0 = 0：程序 O8000～O8999 的显示允许。

PRM3232.1 = 0：程序 O9000～O9999 的显示允许。

PRM3210 = ××××：程序 O9000～O9999 的保护密码。

PRM3211 = ××××：程序 O9000～O9999 的密码输入。

程序 O9000 ~ O9999 的编辑需要密码，这一密码由机床生产厂家或编程人员设定在参数 PRM3210 中。如果需要对密码保护的 O9000 ~ O9999 进行编辑，必须在参数 PRM3211 上输入与 PRM3210 相同的密码才允许进行编辑；否则，参数 PRM3202.4 的值不能改变（数值保持为 1）。

三、常见的超程报警及处理

由于机械部件尺寸、结构等方面的限制，机床直线运动轴的移动距离总是有一定的范围，为了确保机床安全、可靠地运行，防止出现机械碰撞和干涉，需要对各坐标轴的行程范围进行限位保护。如果由于操作不当，使得坐标轴运动到了被保护的区域，CNC 将发生相应的报警，并禁止轴运动。在 FS-0iC/D 上，常见超程报警的故障原因及处理方法如下：

1. 软件限位报警

作为数控机床"超程保护"的基本要求，直线运动的坐标轴一般都应通过 CNC 参数设定"软件限位"保护位置。如果操作不当或程序编制错误，使机床到达了软件限位设定的范围，CNC 将发生 ALM 500（正向软件极限）、ALM501（负向软件极限）报警。

CNC 发生软件限位报警时，自动运行的所有坐标轴都将停止运动；在手动操作时，发生报警的坐标轴将被禁止继续运动。

FS-0iC/D 发生软件限位报警的常见原因如下：

（1）操作不当，如在不正确的位置上执行了回参考点操作等。

（2）程序编制错误，使得定位终点或轮廓轨迹超出了软件限位位置。

（3）CNC 的软件限位参数设定存在错误。

发生软件限位报警时，通常可在手动操作方式下，通过坐标轴的反方向运动，退出软件限位位置，然后通过 MDI/LCD 面板上的【RESET】键清除报警。

2. 硬件超程报警

为了保证数控机床安全、可靠运行，作为超程保护的基本要求，直线运动的坐标轴除了需要设定软件限位保护外，还需要在正/负运动方向各安装一个硬件极限开关，进行硬件限位保护。这样，即使由于 CNC 参数设定错误或其他原因导致软件限位保护未生效，或出现越过软件限位的现象，仍可通过硬件开关强迫机床停止。

当机床硬件极限开关动作时，CNC 将显示 ALM 506（正向硬件极限）、ALM 507（负向硬件极限）报警。CNC 发生硬件限位报警时，自动运行的所有坐标轴都将停止运动，在手动操作方式下，发生报警的坐标轴继续运动将被禁止。

FS-0iC/D 发生硬件限位报警的常见原因如下：

（1）机床参考点或软件限位的参数设定错误，导致坐标轴在无软件限位保护的情况下，直接运动到了硬件极限。

（2）程序编制错误，使得定位终点或轮廓轨迹超出了硬件限位位置。

（3）操作不当，如在手动回参考点时，回参考点的起始位置选择不当，导致了坐标轴的直接超程。

（4）机床未进行手动回参考点操作，导致坐标轴在无软件限位保护的情况下，直接到达了硬件限位的位置。

发生硬件限位报警时，通常可在手动操作方式下，通过坐标轴的反方向运动，退出限位位置，然后通过 MDI/LCD 面板上的【RESET】键清除报警。

3. 超程急停报警

数控机床，特别是高速加工的数控机床，超程可能直接导致设备的损坏，甚至危及操作者人身安全。因此，除了需要有以上软件限位、硬件限位保护外，还需要设置用于超程急停的紧急分断安全电路。如果机床的坐标轴运动越过了软件限位、硬件限位的保护区域，控制系统的紧急分断安全电路将动作，并直接切断伺服驱动器的主电源，强制关闭伺服驱动器和紧急制动电机。

超程急停需要通过控制系统的紧急分断安全电路实现，发生报警时，由于它直接切断了驱动器的主电源，CNC 将直接进入急停状态，因此，CNC 将显示"未准备好（NOT READY）"报警。

发生超程急停报警时，正确的方法应是在切断机床总电源的情况下，通过手动的、纯机械的操作，将坐标轴反方向退出保护区域。然后彻底查明出现故障的原因，消除安全隐患，重新启动机床。超程急停属于严重故障，除非万不得已，否则应禁止利用短接紧急分断安全电路、取消超程开关等非正常手段重新启动机床，更不允许在开机的情况下，试图通过伺服电机的运动，使得坐标轴退出保护区域。

四、常见的系统报警与处理

1. 常见报警

FS-0iC/D 的 ALM900 ~ ALM999 为 CNC 系统报警，常见的报警有以下几条：

（1）ALM900：ROM 奇偶校验出错。

（2）ALM910/911：SRAM 奇偶校验出错。

（3）ALM912 ~ ALM919：DRAM 奇偶校验出错。

（4）ALM930：CPU 出错。

（5）ALM935：零件加工程序存储器出错。

（6）ALM951：PMC 程序出错。

2. 故障原因

以上报警一般多在以下情况发生：

（1）机床的使用环境较差，特别是机床的电源电压不稳定或接地系统不良。

（2）机床长时间没有使用，导致了后备电池失效，重新更换电池后，CNC 首次开机时出现报警。

（3）经常有人修改参数、程序等 CNC 数据，用于培训、学习的实验设备。

（4）来自调剂市场或非机床生产厂家正常销售的二手设备和转让设备。

（5）更换了 CNC 主板、模块等主要部件的 CNC 首次开机。

（6）正常使用设备的偶发性故障。

3. 故障处理

实际维修情况表明，当 CNC 出现此类故障时，一般多属于软件问题。例如，由于 CNC 内部数据的混乱，导致了存储器内部数据的奇偶校验出错等；但是，故障的确切原因通常难以准确判断。因此，很难通过某一数据或几个数据的修改来直接排除故障。

正因为如此，多数数控机床出现此类报警时，习惯的做法是进行 CNC 的存储器格式化或 IPL 监控操作清除存储器；然后重新设定 CNC 参数，输入 PMC 程序等系统数据，通常能够排除故障，使 CNC 恢复正常运行。如果维修现场有保存了机床备份数据的存储器卡，那么可以直接通过 FS-0iC/D 的引导系统操作，利用存储器卡重新装载 CNC 参数和 PMC 程序等数据，这是一种最为简单、有效的处理方法。

【**实战演练**】

一、行程限位的设定

1. 保护点设定

原则上讲，机床坐标轴的超极限急停、硬件极限、软件限位的保护位置应按照图 4.2.1 设定。一般而言，软件限位通常应设定在略大于（1 ~ 2 mm）正常行程的位置，硬件限位和超极限急停的位置要求如下：

（1）超极限急停的设定应保证机床不会产生机械碰撞与干涉，产生超极限急停的位置和产生机械碰撞的距离应大于驱动器紧急制动所需的减速距离。

（2）应保证坐标轴在手动快速移动时，在软件限位生效后，轴能够正常停止而不会导致硬件限位保护的动作。

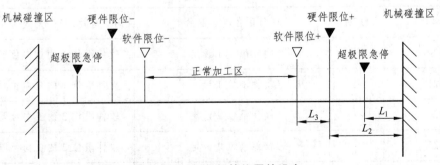

图 4.2.1　行程保护位置的设定

图 4.2.1 中的行程保护的位置可按下式计算确定：

$$L_1 > v_R(t_1 + T_S + 0.03)$$

$$L_2 > v_R\left(t_1 + T_S + 0.03 + \frac{T_R}{2}\right)$$

$$L_3 > v_{RJ}/125$$

式中　t_1——开关发信延时，s；

　　　T_S——伺服时间常数，一般为 0.033 s；

　　　T_R——快速移动加减速时间常数，s；

　　　v_{RJ}——手动快速运动速度，mm/s；

常数 0.03 是 FS-0iC/D 信号接收电路的固定延时（30 ms）。

2. 相关参数

FS-0iC/D 与行程保护功能相关的主要参数如表 4.2.2 所示。

表 4.2.2　与行程保护功能相关的主要参数

参数号	代 号	意 义	说 明
1300.1	NAIJ	出现软件限位时的处理	1：仅输出 +OTn/-OTn 信号；0：CNC 报警
1300.2	LMS	软件限位 1/软件限位 2 的转换	1：有效；0：无效
1300.6	LZR	回参考点前软件限位功能	1：无效；0：有效
1300.7	BFA	软件限位的报警方式	1：超程前；0：超程后
1301.0	DLM	各坐标轴独立的软件限位转换功能	1：有效；0：无效
1301.3	OTA	开机时已处于软件限位区的处理	1：移动时报警；0：立即报警
1301.4	OF1	软件限位报警的复位	1：用 RESET 键复位；0：退出后自动复位
1301.7	PLC	软件限位的移动前检查	1：移动前检查；0：不检查
3004.0	OTH	硬件限位功能选择	0：有效；1：无效
1320		软件限位 1 设定	软件限位 1 的正向位置
1321		软件限位 1 设定	软件限位 1 的负向位置
1326		软件限位 2 设定	软件限位 2 的正向位置
1327		软件限位 2 设定	软件限位 2 的负向位置
1330		卡盘类型设定	0：内卡盘；1：外卡盘

3. 保护信号

FS-0iC/D 与行程保护相关的控制信号和状态信号如表 4.2.3 所示，控制信号需要由 PMC 程序提供，状态信号可用于 PMC 程序的控制。

表 4.2.3　与行程保护功能相关的控制信号和状态信号

地　址	代　号	意　义	说　明
G0114.0 ~ G0114.3	*＋Ln	各坐标轴独立的正向硬件限位	1：正常工作区；0：超程
G0116.0 ~ G0116.3	*-Ln	各坐标轴独立的负向硬件限位	1：正常工作区；0：超程
G0007.6	EXLM	软件限位 1/软件限位 2 转换控制	0：软件限位 1 有效；1：软件限位 2 有效
G0007.7	RLSOT	软件限位 1 的保护功能撤销	0：保护功能有效；1：功能无效
G0104.0 ~ G0104.3	＋EXLn	各坐标轴独立的软件限位 1/2 转换信号（正向）	0：软件限位 1 有效；1：软件限位 2 有效
G0105.0 ~ G0105.3	-EXLn	各坐标轴独立的软件限位 1/2 转换信号（负向）	0：软件限位 1 有效；1：软件限位 2 有效
G0110.0 ~ G0110.3	＋LMn	软件限位 1 的自动设定功能（正向）	0：无效；1：当前坐标作为正向限位输入
G0105.0 ~ G0105.3	-LMn	软件限位 1 的自动设定功能（负向）	0：无效；1：当前坐标作为负向限位输入
F0124.0 ~ F0124.3	＋OTn	软件限位 1 到达（正向）	0：正常加工区；1：正向软件限位区
F0126.0 ~ F0126.3	-OTn	软件限位 1 到达（负向）	0：正常加工区；1：负向软件限位区

二、CNC 存储器的格式化

CNC 存储器的格式化常用于原因不明的系统报警的清除。CNC 的格式化需要通过特定的操作进行。需要注意的是，存储器格式化操作将无条件清除全部 CNC 参数。因此，一般只能在万不得已的情况下使用，对于其他故障的维修处理，原则上不应该进行存储器的格式化操作。此外，如果可能，在执行本操作前，最好能够得到用于 CNC 恢复的存储器卡，以便通过引导系统操作进行 CNC 的一次性恢复。

在 FS-0iC/D 上，存储器格式化操作需同时按住 MDI 面板上的【RESET】和【DELETE】键，并接通 CNC 电源，开机后 CNC 的全部参数被清除。在一般情况下，CNC 在执行存储器格式化操作后，将显示如下报警。

（1）ALM100："PARAMETER WRITE ENABLE"参数写入保护被取消。

（2）ALM506："OVER TRAVEL ＋ X（或 Y、Z）"X（或 Y、Z）轴正向超程。

（3）ALM507："OVER TRAVEL -X（或 Y、Z）"X（或 Y、Z）轴负向超程。

（4）ALM417："SERVO ALARM 1（或 2、3、4）-THE AXIS PARAMETER INCORRECT" X（或 Y、Z、4）轴参数错误。

（5）ALM5136："FSSB：NUMBER OF AMPS IS SMALL" FSSB 从站设定错误。

以上都是正常的显示信息，报警原因及处理方法如下：

（1）ALM100：参数写入保护取消，不需要处理，在参数设定完成后重新保护即可。

（2）ALM506/507：这是由于 PMC 程序未正常工作，CNC 的正向/负向硬件超程信号未输入到 CNC 上，而出现的超程报警。维修时只需要重新安装、启动正确的 PMC 程序便可以消除，故不需要进行处理。但是，对于不需要（或未安装）正向/负向硬件超程开关的机床坐标轴（如回转轴等），需要通过参数 PRM3004.5（OTH）= 1 的设定，直接在 CNC 上取消其正向/负向硬件超程报警。

（3）ALM417/ALM5136：需要进行伺服调整操作，在伺服调整完成后可以自动消除。

三、CNC 的 IPL 监控操作

CNC 的 IPL（Information Processing Language）监控操作可以有选择地清除 CNC 存储器数据文件，向存储器卡输出数据等。IPL 监控是为专业维修人员准备的特殊操作，操作不当可能导致 CNC 无法正常工作，一般维修人员原则上不应使用。

CNC 的 IPL 监控操作可通过同时按住 MDI 面板上的 "." 和 "一" 键启动 CNC 电源后进入，CNC 启动后，LCD 将显示 IPL 操作菜单。不同系列、不同版本 CNC 的 IPL 操作菜单有较大不同，操作时必须按照操作菜单的提示，通过数字键输入菜单编号，选定维修所需要的操作。

1. FS-0iC 的 IPL 监控操作

FS-0iC 的 IPL 监控操作主要用于存储器的清除，其常用的操作主菜单有如下几项：

0. EXIT：退出 IPL 操作。按数字键 "0"，选择此主菜单，可以结束 IPL 操作，进入正常的 CNC 启动过程。

1. MEMORY CLEAR：存储器清除操作。按数字键 "1"，可以进入存储器清除的第 1 级子菜单，并选择需要清除的存储器。例如，子菜单 1 为全部存储器（ALL MEMORY）清除，子菜单 2 为 CNC 参数与偏置值存储器（PARAMETER AND OFFSET）清除，子菜单 3 为加工程序存储器（ALL PROGRAM）清除，子菜单 5 为 PMC 存储器（PMC）清除等，选择子菜单 0 可以退出存储器清除操作（CANCEL）。

第 1 级子菜单选定后，还可进一步显示第 2 级子菜单。例如，在选择 PMC 清除后，可以显示退出（0. CANCEL）、PMC 参数（1. PARAMETER）、PMC 程序（2. PROCRAM）子菜单，选择需要进行清除的数据。

第 2 级子菜单选定后，还可能有第 3 级子菜单。例如，选定 PMC→PARAMFTER 后，将显示退出（0. CANCEL）、清除 CNC（1. CNC）、清除输入程序（2. LOADER）等。

2. SETTING：选择特殊 CNC 启动方式。按数字键 "2"，可以进入特殊 CNC 启动方式的第 1 级子菜单，并选择需要的操作。例如，子菜单 1 为取消超程报警的 CNC 启动（IGNORE OVER TRAVEL ALARM），子菜单 2 为禁止执行 PMC 程序的启动（START WITHOUT LADDER）等，选择子菜单 0 可退出特殊 CNC 启动方式选择操作（CANCEL）。第 1 级子菜单选定后，同样还可以选择第 2 级的退出（0.CANCEL）、清除 CNC（1.CNC）、清除输入程序（2. LOADER）等操作。

以上仅是 FS-0iC 的部分 IPL 操作情况，在实际 CNC 上还有更多的内容，操作时必须根据 CNC 的实际菜单提示慎重进行。当然，对于熟悉 IPL 操作的专业维修人员，还可以直接通过特殊的开机方式，直接选择指定的存储器清除操作。例如，CNC 的全部存储器清除即可以通过前述的同时按住 MDI 面板上的【RESET】和【DELETE】键，并接通 CNC 电源的存储器格式化操作。

2. FS-0iD 的 IPL 操作

FS-0iD 的 IPL 监控操作功能在 FS-0iC 的基础上有所增强，它包括 CNC 存储器清除、存储器卡操作、系统报警操作、SRAM 校验操作、系统设定操作等，其常用的操作主菜单一般有如下几项：

0. END IPL：结束 IPL 操作。主菜单功能和 FS-0iC 的 "0. EXIT" 功能相同。

1. DUMP MEMORY：存储器格式化操作。主菜单功能和 FS-0iC 的 "MEMORY CLEAR" 功能基本相同。

2. DUMP FILE：文件格式化操作。对存储器中的文件进行格式化处理。

3. CLEAR FILE：文件清除操作。通过该主菜单可以有选择地清除 CNC 的数据文件，它是 FS-0iD 常用的存储器清除操作。

按数字键 "3"，可以进入文件清除的第 1 级子菜单，选择需要清除的文件。例如，子菜单 1 为 CNC 参数文件（CNC PARA.DAT）清除，子菜单 2 为螺距补偿文件（PITCIH. DAT）清除，子菜单 5 为 PMC 参数文件（PMC PARA.DAT）清除，子菜单 6 为程序目录文件（PROC-DIR. DAT）清除，子菜单 7 为程序文件（PROG. DAT）清除等。

文件选定后，CNC 将显示提示信息 "CLEAR FILE OK ?（NO = 0，YES = 1）"。如果确认需要文件清除，输入 "1"，执行清除操作；如果需要退出文件清除操作，则输入 "0"，结束文件清除操作。

4. MEMORY CARD UTILITY：存储器卡操作。该主菜单主要用于存储器卡的文件清除、格式化等操作。

5. SYSTEM ALARM UTILITY：系统报警操作。该主菜单可以用于报警详情显示和报警文件输出，它也是 FS-0iD 较常用的操作。

按数字键 "5"，可以进入系统报警操作的第 1 级子菜单，子菜单 0 为结束系统报警操作（END），子菜单 1 为报警详情显示（DISPLAY SYSTEM ALARM），子菜单 2 为报警文件输出（OUTPUT SYSTEM ALARM FILE）。

如果需要将 CNC 的报警文件输出到存储器卡上，可以选择子菜单 2，此时，LCD 将进入第 2 级子菜单，选择需要输出的报警文件存储区域。在第 2 级子菜单中，0 为结束报警文件输出操作（END），1 为输出文件存储器上的报警履历文件（OUTPUT SYSTEM ALARM FILE FROMFILE-RAM），2 为输出 DRAM 存储器上的报警（OUTPUT SYSTEM ALARM FIIE FROMDRAM）。

如果需要将 CNC 的报警履历文件输出到存储器卡上，可选择第 2 级子菜单中的"1"，LCD 将显示系统的报警履历文件列表，输入数字选定报警，然后，LCD 将提示操作者输入存储器卡文件名"MEM-CARD FILE NAME？"，接着利用 MDI 键输入存储器卡上的文件名（如 SYS ALM. TXT 等）便可执行报警输出。

6. SYSTEM SETTING UTILITY：选择特殊 CNC 启动方式。该主菜单功能和 FS-0iC 的"SETTING"基本相同。

以上是 FS-0iC/D 常用的 IPL 监控操作，使用时必须注意不同系列、不同版本 CNC 的菜单可能有所区别，操作需要按菜单提示进行，且一般维修人员原则上不应使用。

任务三　故障的综合分析与处理

【工作内容】

（1）简述坐标轴手动操作的基本要求。

（2）画出 MPG、INC 操作的动作过程图，并标明信号地址。

（3）进行自动运行互锁、进给保持、运行停止、CNC 复位等故障分析处理。

（4）进行机床锁住、空运行、单段执行、选择跳段、程序重新启动功能的分析。

【知识链接】

一、坐标轴的手动操作与条件

CNC 的手动连续进给（JOG）、增量进给（INC）、手轮进给（MPG）统称手动操作，各操作方式对 PMC 控制信号和 CNC 参数的基本要求如下：

1. JOG 操作

手动连续进给（JOG）操作是通过方向键控制的手动轴连续运动，当方向键被按下时，坐标轴以手动进给速度移动，松开后即停止。在运动过程中可随时用手动倍率开关调节运动速度，但 JOG 进给无法准确控制轴的运动距离。坐标轴 JOG 操作的基本要求如下：

（1）CNC 处于正常工作状态。

（2）PMC 基本控制信号正确。

（3）手动进给速度参数 PRM1423 设定正确（不能为 0）。

（4）PMC→CNC 的手动进给速度倍率信号 G0010.0 ~ G0011.7 不能为"1111 1111 1111 1111"或"0000 0000 0000 0000"（倍率不为 0）。

（5）CNC 操作方式选择 JOG。

（6）轴方向选择信号 G0100.0 ~ G0100.3、G0102.0 ~ G0102.3 输入正确。坐标轴 JOG 操作的动作过程如图 4.3.1 所示。

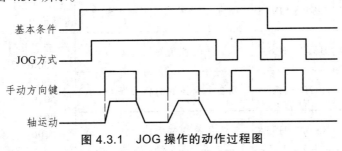

图 4.3.1　JOG 操作的动作过程图

如果在 JOG 进给过程中，PMC→CNC 的手动快速选择信号 G0019.7 为 "1"，则坐标轴按参数 PRM1424 设定的手动快速速度运动。进给速度倍率信号对手动快速同样有效。

2. INC 操作

手动增量进给（INC）操作是可选择运动距离的定量进给方式，运动距离可通过操作面板，利用 PMPMC→CNCC→CNC 的控制信号 MP2/MP1 选择。INC 操作时，轴方向键一旦被按下就可在指定方向上运动指定距离，其基本要求如下：

（1）~（4）同 JOG 操作。

（5）CNC 操作方式选择 INC。

（6）PMC→CNC 的增量进给距离选择信号 G0019.4/G0019.5 已正确输入。

（7）轴方向选择信号 G0100.0 ~ G0100.3、G0102.0 ~ G0102.3 输入正确。

坐标轴 INC 操作的动作过程和 JOG 类似，但每次按方向键坐标轴总是移动相同的距离（与按键时间长短无关）。

3. MPG 操作

手轮进给（MPG）操作是通过手轮控制运动方向与运动距离的进给方式，手轮每脉冲的运动距离可通过操作面板，利用 PMC→CNC 的控制信号 MP2/MPI 选择。FS-0iC/D 最多可使用 3 个手轮，在不同坐标轴上 3 个手轮可同时工作。MPG 操作的基本要求如下：

（1）~（6）同 INC 操作，MPG 操作的方式选择、移动量选择信号与 INC 相同。

（7）手轮功能已选择（PRM8131.0 = 1），手轮数量已设定（PRM7110 不为 "0"）。

（8）手轮连接正确，脉冲输入正常。

坐标轴 MPG 操作的动作过程和 INC 类似，但它不需要按方向键，且其增量运动可利用手轮连续控制。

4. 手动进给控制信号

FS-0iC/D 的手动连续进给（JOG）、增量进给（INC）和手轮进给（MPC）的主要控制信号如表 4.3.1 所示。

表 4.3.1 手动进给控制信号

地　址	代　号	意　义	说　明
G0010.0 ~ G0011.7	*JV0 ~ *JV15	16 位二进制编码手动进给速度	如所有位同时为 "0" 或 "1"，速度为 0
G0018.3 ~ G0018.0	HSID ~ HSIA	第 1 手轮控制的轴选择 D ~ A	信号与轴的对应关系为： 0000：手轮无效； 0001：选择第 1 轴； 0010：选择第 2 轴； 0011：选择第 3 轴； 0100：选择第 4 轴
G0018.7 ~ C0018.4	HS2D ~ HS2A	第 2 手轮控制的轴选择 D ~ A	
G0019.3 ~ G0019.0	HS3D ~ HS3A	第 3 手轮控制的轴选择 D ~ A	
G0019.5/G0019.4	MP2/MP1	手轮每个脉冲移动量或增量进给距离	00：×1；01：×10；10：×100；11：×1 000
G0043.7 ~ G0043.0	操作方式选择	CNC 操作方式选择信号	
G0019.7	RT	手动快速	JOG 方式有效时，输入 "1" 可手动快速
G0100.0 ~ G0100.3	+ Jn	轴正方向手动	JOG/INC 方式的手动方向输入
G0102.0 ~ G0102.3	-Jn	轴负方向手动	JOG/INC 方式的手动方向输入

5. 手动进给参数

在坐标轴手动进给时，可通过 CNC 参数设定与手动进给有关的功能、运动速度、移动距离等，其主要参数如表 4.3.2 所示。

表 4.3.2 手动进给参数

参数号	代号	意　义	说　明
1002.0	JAX	JOG、回参考点操作可同时移动的轴数	1：3 轴；0：1 轴
1401.0	RPD	回参考点前的手动快速操作	1：有效；0：无效
1423	—	倍率为 100% 时的 JOG 速度	0 ~ 32 767
1424	—	倍率为 100% 时的手动快进速度	30 ~ 240 000
8131.0	HPG	手轮进给功能选择	1：手轮有效；0：手轮无效
7102.0	HGNn	手轮运动方向的调整	0/1：改变手轮运动方向
7103.2	HNT	手轮进给、增量进给的移动单位	0：不变；1：倍乘 10
7110	—	CNC 实际安装的手轮数	0 ~ 3
7113	—	MP2/MP1 为 10 时的手轮每脉冲移动量	1 ~ 127
7114	—	MP2/MP1 为 10 时的手轮每脉冲移动量	1 ~ 1 000

二、自动运行的启动与停止

1. 自动运行启动

CNC 的自动运行方式包括 MDI、AUTO、DNC 3 种。自动运行方式一旦被选择，CNC→PMC 的状态信号 OP 将为 "1"，此时，所选定的加工程序就可通过 PMC→CNC 的循环启动信号 ST 启动运行。ST 信号一般由操作面板上的【START】按钮产生，信号为下降沿有效。自动运行启动后，CNC→PMC 的循环启动状态信号 STL 为 "1"，进给保持状态输出信号 SPL 为 "0"。

程序的自动运行可通过 PMC 控制信号停止，根据需要自动运行可选择启动互锁、进给保持、运行停止和 CNC 复位等方式停止。

2. 启动互锁

如果程序运行期间自动启动互锁信号 STLK 设为 "1"，CNC 将中断坐标轴的运动，电机减速停止，程序段的剩余行程保留，但 F、S、T、M 指令仍可正常执行。互锁信号 STLK 恢复为 "0" 后，程序的自动运行将继续，无需用 ST 信号进行重新启动。

坐标轴互锁信号 *IT、*ITn 的作用与 STLK 信号类似，但 STLK 只能用于自动运行，而 *IT、*ITn 对手动操作和自动运行同时有效。

3. 进给保持

进给保持（Feed Hold）亦称进给暂停，它可以暂时中断自动运行的所有动作，保留现行程序执行状态信息，这是自动运行最常用的停止控制方式。进给保持一般由操作面板的【F.HOLD】按钮控制，并通过将 PMC→CNC 的进给保持信号 *SP 置 "0" 实现。但是，如果自动运行时，CNC 的操作方式被强制转换到了 JOG、INC、MPG、REF、TJOG、THND 等方式，CNC 将强制进入进给保持状态。

进给保持有效期间，循环启动状态信号 STL 为 "0"，进给保持状态输出信号 SPL 为 "1"。进给保持不能通过信号 *SP 重新置 "1" 恢复运行，如果自动操作方式未被转换，程序的自动运行可在取消进给保持信号后（*SP 重新置 1），用循环启动信号 ST 的下降沿重新启动。

对于不同的 CNC 加工程序段，进给保持的动作有如下区别：

（1）轴运动程序段：立即中断轴运动，电机减速停止，程序段的剩余行程保留。

（2）辅助机能段：辅助机能的执行由 PMC 控制，CNC 在当前辅助机能执行完成，PMC→CNC 的 FIN 信号返回后，进入进给保持状态。

（3）螺纹切削或攻螺纹循环段：螺纹切削、攻螺纹循环的中断可能导致刀具、工件甚至机床损坏。因此，一般需要等待当前程序段执行完成后，CNC 才进入进给保持状态。

（4）用户宏程序段：在当前用户宏程序段执行完成后，进入进给保持状态。

以上进给保持的动作，也可通过 CNC 的参数设定改变。

4. 自动运行停止

自动运行停止将结束程序运行，保留状态信息。在以下情况下，CNC 将进入自动运行停止状态。

（1）自动运行选择了"单程序段"工作方式，当前程序段已经执行完成。

（2）CNC 的工作方式为 MDI，MDI 程序段已经执行完成。

（3）CNC 出现了故障和报警。

（4）当前程序段已执行完成，CNC 的操作方式由 AUTO 转换到了 EDIT 或 MDI 等。

CNC 进入自动运行停止状态后，循环启动状态信号 STL 和进给保持状态信号 SPL 均为"0"，自动运行状态信号 OP 保持为"1"。自动运行停止后，需要用循环启动信号 ST 才能继续运行，部分情况（如报警）还需要进行 CNC 复位。

5. CNC 复位

CNC 复位将直接结束自动运行，并清除状态信息。在以下情况下，自动运行将进入 CNC 复位状态。

（1）CNC 的急停输入信号 *ESP 被置为"0"。

（2）PMC→CNC 的外部复位信号 ERS 或倒带信号 RRW 被置为"1"。

（3）MDI/LCD 面板上的 CNC 复位键【RESET】被按下。

CNC 复位时，循环启动信号 STL、进给保持信号 *SPL、自动运行状态输出信号 OP 将全部成为"0"，CNC→PMC 的 MF/SF/TF/BF 等辅助机能选通信号也被取消。

三、自动运行的控制

自动运行时可利用操作面板上的按钮，通过 PMC→CNC 的控制信号，对运行过程实施控制，这些控制一般包括机床锁住、空运行、单段执行、选择跳段、程序重新启动等，其控制要求和作用如下：

1. 机床锁住

机床锁住用于程序的模拟运行，机床锁住生效后，CNC 的位置显示变化，实际坐标轴无运动，但 M、S、T、B 等辅助机能指令仍然正常执行。机床锁住可通过 PMC→CNC 的控制信号 MLK（全部轴锁住）或 MLKn（指定轴锁住）控制，信号状态为"1"时，电机减速停止，信号恢复为"0"后，坐标轴立即恢复运动。由于机床锁住将导致 CNC 位置和机床实际位置的不符，为了防止发生危险，在程序自动运行的中间位置，原则上不应实施机床锁住操作，更不能在程序模拟的中间位置取消机床锁住信号。

2. 空运行

空运行用于程序的运行检查，空运行有效时可以直接用手动进给速度代替程序中的所有或部分切削进给速度 F，以加快程序执行速度。空运行可通过 PMC→CNC 的控制信号 DRN 控制，信号状态为"1"时，空运行有效；信号为状态"0"时，按正常切削速度运动。

空运行时，CNC 位置和机床实际位置保持一致，在程序自动运行的中间位置生效或撤销 DRN 信号不会发生危险，这是一种常用的程序检查运行方式。

3. 单段运行

单段运行时，CNC 将逐段执行加工程序，每一加工程序段都需要循环启动信号予以启动，因此，可以用于程序的正确性检查。单段运行可通过 PMC→CNC 的控制信号 SBK 控制，信号状态为"1"时，单段运行有效；信号为状态"0"时，连续执行加工程序。

但是，如果在螺纹加工或攻螺纹循环执行过程中生效了单段控制信号，则一般需要在螺纹加工或攻螺纹循环完成后才能生效单段功能；而在其他固定循环有效期间加入单段控制信号，原则上每一步的运动均可独立停止。

4. 选择跳段

选择跳段可将程序段号前带有跳段标志"/"的程序段忽略。对于需要在不同情况下选择不同程序段跳过的场合，可通过"/1"~"/9"分别进行标识。选择跳段可通过 PMC →CNC 的控制信号 BDT1 ~ BDT9 控制，信号状态为"1"时，选择跳段有效；信号为"0"时，执行所有加工程序段。

5. 程序重新启动

程序重新启动可使程序直接从指定的位置（一般为中断点）开始运行。程序重新启动可对指定段前的程序进行模拟运行，并动态改变模态 G 代码、刀具补偿值、工件坐标系等编程数据，使中断点以后的程序运行能够在中断点以前程序运行状态的基础上继续，以避免重复加工。

程序重新启动可通过 PMC→CNC 的控制信号 SRN 控制，信号状态为"1"时，程序重新启动有效。

四、自动运行控制信号和参数

1. 控制信号

FS-0iC/D 与自动运行相关的主要控制与状态信号如表 4.3.3 所示。

表 4.3.3　自动运行控制与状态信号

地　址	代　号	意　义	说　明
X0008.4/G0008.4	*ESP	急停输入	0：CNC 急停；1：正常
G0006.0	SRN	程序重新启动信号	1：重新启动有效；0：无效
G0007.1	STLK	自动启动互锁	1：禁止坐标轴运动；0：允许运动
G0007.2	ST	自动运行启动	下降沿启动程序自动运行
G0008.5	*SP	进给保持	0：进给保持；1：正常
G0008.7	ERS	外部复位信号	1：CNC 复位；0：无效
G0008.6	RRW	外部复位与倒带	1：CNC 复位与倒带；0：无效
G0044.0	BDTI	选择跳段控制信号 1	1：有效，"/"、"/1" 标记的程序跳过；0：无效
G0044.1	MLK	机床锁住信号	1：机床锁住，全部坐标轴移动禁止；0：无效
G0045.0 ~ G0045.7	BDT2 ~ BDT9	选择跳段控制信号 2 ~ 9	1：有效，"/"、"/2 ~ /9" 跳过；0：无效
G0046.1	SBK	单段运行控制信号	1：单段运行；0：连续执行
G0046.7	DRN	空运行控制信号	1：空运行有效；0：空运行无效
G0108.0 ~ G0108.3	MLK1 ~ MLK4	各轴独立的锁住信号	1：对应轴运动禁止；0：无效
F0000.0	RWD	CNC 复位状态	1：CNC 复位和倒带；0：正常
F0000.4	SPL	进给保持状态	1：进给有效；0：非进给保持状态
F0000.5	STL	循环启动状态	1：程序自动运行中；0：自动运行停止
F0000.7	OP	自动运行状态输出	1：自动运行中
F0001.1	RST	CNC 复位输出	1：CNC 复位；0：无效
F0002.4	MRNMV	程序重新启动状态输出	1：重新启动有效
F0002.7	MDRN	空运行状态输出	1：空运行有效
F0004.0	MBDT1	选择跳段 1 状态输出	1：选择跳段 1 有效
F0004.1	MMLK	机床锁住状态输出	1：机床锁住
F0004.3	MSBK	单段运行状态输出	1：单段运行
F0005.0 ~ F0005.7	MBDT2 ~ MBDT9	选择跳段 2 ~ 9 状态输出	1：选择跳段 2 ~ 9 有效

2. 相关参数

FS-0iC/D 与自动运行相关的主要参数如表 4.3.4 所示。

表 4.3.4 自动运行相关的参数

参数号	代号	意 义	说 明
0020	—	DNC 运行程序输入接口选择	0/1: JD36 A; 2: JD36B; 4: 存储器卡接口
0100.5	ND3	DNC 运行的程序读入方式	0: 逐段读入; 1: 连续读入, 直到缓冲存储器满
0101.3	ASI	输入代码格式	1: ASCII; 0: EIA/ISO
0102	—	I/O 接口设备选择	设定设备代号
0103	—	I/O 接口设备波特率	设定 1~12, 波特率为 50~19 200
0138.7	MDN	存储器卡的 DNC 运行	1: 有效; 0: 无效
1401.5	TDR	空运行对攻螺纹循环与螺纹加工	0: 有效; 1: 无效
1401.6	RDR	空运行对快速的影响	1: 有效; 0: 无效
1410	—	倍率为 100%时的空运行速度	6~12 000
3001.2	RWM	RRW 信号功能设定	0: 输出 RWD 信号; 1: 输出 RWD 信号、程序回到起点
3402	—	RST 信号输出延时	设定 RST 信号在 CNC 复位完成后的保持时间
3402.6	CLR	急停、复位、倒带信号的作用	0: CNC 复位; 1: CNC 清除
3404.4	M30	M30 的处理方式	1: 运行停止; 0: CNC 复位、程序回到起始点
3404.5	M02	M02 的处理方式	1: 运行停止; 0: CNC 复位、程序回到起始点
3404.6	EOB	自动运行对%的处理方式	1: CNC 复位; 0: 报警 ALM5010
3406.1~ 3408.4	G01~ G20	CNC 复位对模态 G 代码的影响	1: 保留 01~20 组模态 G 代码; 0: 清除模态 G 代码
3409.7	GFH	CNC 复位对 F、H、D、T 的影响	1: 保留; 0: 清除
6000.5	SBM	用户宏程序的单段控制方式	0: 变量#3003 控制; 1: 信号 SBK 控制
6000.7	SBV	变量#3000 的单段控制功能设定	0: 变量#3003 无效; 1: 变量#3003 有效
6001.6	CCV	宏程序变量#100~#149 的复位	0: CNC 复位后成为"空"变量; 1: 保留
6001.7	CLV	宏程序变量#1~#33 的复位	0: CNC 复位后成为"空"变量; 1: 保留
6200.7	SKF	空运行对 G31 跳步切削的影响	1: 有效; 0: 无效
7300.3	SJG	程序重新启动时的返回速度	0: 空运行速度; 1: 手动进给速度
7300.6	MOA	程序重新启动时恢复的辅助机能	0: 最后的代码; 1: 全部辅助机能代码
7300.7	MOU	程序重新启动时的辅助机能输出	0: 禁止; 1: 允许
7310	—	程序重新启动时坐标轴移动次序	1~4

【实战演练】

一、手动操作故障的分析与处理

1. JOG 操作不能进行

如果 FS-0iC/D 的手动连续进给操作不能正常进行，即在 JOG 方式下按下机床操作面板上的 + X、+ Y 等方向键，机床不能产生实际运动。出现这一故障时，首先需要根据检查坐标轴运动的基本条件，如急停、机床准备好、伺服准备好等，然后按表 4.3.5 进行逐项检查，进行故障的综合分析与处理。

表 4.3.5　　JOG 操作不能进行的故障分析与处理

项目	故障原因	检查步骤	处理方法
1	JOG 操作方式坐标轴无运动	检查 CNC 的位置显示与机床的实际运动情况	① 位置显示变化，机床不移动见第 2 项； ② 位置显示无变化，机床不动见第 5 项
2	机床锁住	确认轴锁住信号 MLK（G0044.1）和各轴独立的锁住信号 MLKn（G0108.0 ~ G0108.3）	检查 PMC 程序，撤销机床锁住信号
3	伺服关闭	确认伺服关闭 SVF1 ~ 4（G0126.0 ~ G0126.3）输入	检查 PMC 程序，撤销伺服断开信号
4	机械传动系统不良	检查电机、丝杠和工作台的机械连接	重新调整机械传动系统
5	轴"互锁"生效	确认互锁信号 + IT（G008.0）、各轴独立的互锁信号 *ITn（G0130.0 ~ G0130.3）、各轴独立的方向互锁信号 ± MITn（G0132.0 ~ G0132.3、G0134.0 ~ G0134.3）	检查 PMC 程序，撤销轴互锁信号
6	JOG 方式未生效	确认操作方式选择信号 MD1、MD2、MD4 为 JOG，（G0043.0 ~ G0043.2 = 101）	检查 PMC 程序，并确认操作方式选择开关的连接
7	运动方向没有给定	确认方向信号 + Jn、-Jn（G0100.0 ~ G0100.3、G0102.0 ~ G0102.3）中的对应位为 1。 注意：方向信号必须在 JOG 方式选择后成为 1 才有效，如在方式选择前输入方向信号，则轴不会运动	检查 PMC 程序，并确认轴向信号的连接
8	进给速度为 0	检查参数 PRM1423，确认其值不为 0；确认进给倍率输入信号 *JV0 ~ *JV15（G0010、G0011）不为 0000 0000 或 1111 1111	修改参数或检查 PMC 程序，确认进给速度、倍率不为 0

续表 4.3.5

项目	故障原因	检查步骤	处理方法
9	外部复位信号有效	确认信号 ERS、RRW（G0008.7、G0008.6）不为 1	检查 PMC 程序，取消外部复位信号
10	CNC 复位中	确认 CNC 复位状态输出信号 RST（F0001.1）为 0	等待 CNC 复位结束
11	CNC 不良	检查 CNC 主板的状态指示灯	进行相关处理或更换 CNC

2. 手轮操作不能进行

手轮操作的要求和手动连续进给的要求基本相同。当 FS-0iC/D 在手轮方式下不能正常工作时，可按表 4.3.6 进行故障的综合分析与处理。

表 4.3.6　手轮操作不能进行的故障分析与处理

项目	故障原因	检查步骤	处理方法
1~5	MPC 方式坐标轴无运动	同 JOG 方式	同 JOG 方式
6	手轮功能未选择	确认 CNC 参数 PRM8131.0 设定为 1；参数 PRM7110（手轮数量）设定不为 0	检查、重新设定 CNC 参数
7	MPG 方式未生效	确认操作方式选择信号 MD1、MD2、MD4 为 HAN（G0043.0 ~ G0043.2 = 100）	检查 PMC 程序，并确认方式选择开关的连接
8	轴选择信号不正确	确认手轮轴选择信号 HSn（G0018、G0019）中的对应位为 1	检查 PMC 程序，确认手轮轴选择开关的连接
9	手轮增量选择错误	确认手轮的增量选择信号 MP1、MP2（G0019.4、G0019.5）和参数 PRM7113、PRM7114 的设定	修改参数，检查 PMC 程序，确认开关的连接
10	外部复位信号有效	确认输入信号 ERS、RRW（G0008.7、G0008.6）不为 1	检查 PMC 程序，取消外部复位信号
11	CNC 正在复位中	确认 CNC 复位状态输出信号 RST（F0001.1）	等待 CNC 复位结束
12	手轮连接不良	确认手轮与 I/O 单元的连接	确认开关的连接
13	手轮不良	利用示波器或诊断信号确认手轮脉冲的输出	更换手轮
14	CNC 不良	检查 CNC 主板的状态指示灯	进行相关处理或更换 CNC

3. 增量进给不能进行

增量进给的要求和手轮操作的要求基本相同，当 FS-0iC/D 在增量（INC）方式下不能正常工作时，可按表 4.3.7 进行故障的综合分析与处理。

表 4.3.7 增量进给操作不能进行的故障分析与处理

项 目	故障原因	检查步骤	处理方法
1～5	INC 方式坐标轴无运动	同 JOG 方式	同 JOG 方式
6	INC 方式未生效	确认操作方式选择信号 MD1、MD2、MD4 为 INC（G0043.0～G0043.2＝100，与手轮相同）	检查 PMC 程序，并确认方式选择开关的连接
7	运动方向未给定	确认方向信号 + Jn、− Jn（G010.0～G0100.3、G0102.0～G0102.3）中的对应位为 1	检查 PMC 程序，确认坐标轴运动方向信号的连接
8	增量距离选择错误	确认 INC 增量选择信号 MP1、MP2（G0019.4、G0019.5）和参数 PRM7113、PRM7114 的设定	修改参数；检查 PMC 程序，确认增量选择开关的连接
9	外部复位信号有效	确认输入信号 ERS、RRW（G0008.7、G0008.6）	检查 PMC 程序，取消外部复位信号
10	CNC 正在复位中	确认 CNC 的复位状态输出信号 RST（F0001.1）	等待 CNC 复位结束
11	CNC 不良	检查 CNC 主板的状态指示灯	进行相关处理或更换 CNC

二、自动运行故障的分析与处理

当 FS-0iC/D 在手动方式下工作正常，但自动方式不能正常工作时，可以按表 4.3.8 进行故障的综合分析与处理。

表 4.3.8 自动运行不能进行的故障分析与处理

项 目	故障原因	检查步骤	措 施
1	故障的分析	① 循环启动指示灯（STL）不亮	见第 2 项
		② 循环启动指示灯（STL）亮，但轴不运动	见第 5 项

续表 4.3.8

项　目	故障原因	检查步骤	措　施
2	方式选择不正确	确认操作方式选择信号 MD1、MD2、MD4 为 MDI（G0043.0 ~ G0043.2 = 000）或 MEM（G0043.0 ~ G0043.2 = 001）	检查 PMC 程序，确认方式选择开关的连接
3	循环启动信号未生效	按下循环启动按钮 G0007.2 应为 1；放开后为 0	检查 PMC 程序，确认循环启动信号连接
4	进给保持已生效	确认进给保持信号 *SP 输入 G0008.5，正常为 1	检查 PMC 程序，确认进给保持信号连接
5	CNC 指令执行互锁	通过 CNC 诊断，检查 CNC 是否为以下状态： ① 进给倍率为 0%； ② 轴互锁信号接通； ③ 到位检查中； ④ 暂停指令执行中； ⑤ M、S、T 功能执行中； ⑥ 等待主轴到达信号； ⑦ 数据输入/输出在工作	进行相关处理
6	启动互锁信号生效	确认启动互锁信号 STLK（G0007.1）	检查 PMC 程序，确认 STLK 信号连接
7	切削互锁信号生效	确认切削启动互锁信号 *CSL（G0008.1）	检查 PMC 程序，确认*CSL 信号连接
8	段启动禁止信号生效	确认程序段启动禁止 *BSL（C0008.3）	检查 PMC 程序，确认*BSL 信号连接

理 论 训 练

《数控系统调试与维护》课程试卷 A

一、不定项选择题

1. 在不同的场合，NC 一词可能代表的意义有（　　）

A. 一种控制技术　　　　B. 一套控制系统　　　　C. 一个控制装置　　　　D. 一套控制软件

2. 以下属于加工中心和 NC 镗铣床区别的是（　　）

A. 控制轴数不同　　　　B. 可完成多工序加工　　C. 能够自动换刀　　　　D. 不需要划线

3. 一般而言，CNC 使用时对环境温度的要求是（　　）

A. – 0 ~ 50℃　　　　　B. 0 ~ 40 ℃　　　　　C. – 10 ~ 40 ℃　　　　D. 0 ~ 50℃

4. CNC 使用时的环境要求和我国 GB/T 5226.1 标准的关系是（　　）

A. 两者完全相同　　　　　　　　　　　B. 都不同，应按 CNC 规定使用

C. 两者部分相同　　　　　　　　　　　D. 都不同，应按 GB/T 5226.1 标准使用

5. 我国 GB/T 5226.1 标准规定，电气柜的门宽度应（　　）

A. 大于 0.5 m　　　　　B. 大于 0.6 m　　　　　C. 小于 0.9 m　　　　　D. 小于 0.5 m

6. 以下可作为国产普及型 CNC 系统组成部件的是（　　）

A. FANUC-αi/βi 驱动器　　　　　　　　B. 安川ΣⅡ/ΣV 通用伺服驱动器

C. FANUC-αi 主轴驱动器　　　　　　　D. 安川 CIMR-7/1000 系列变频器

7. 国产普及型 CNC 和进口全功能 CNC 的最大区别在于其（　　）

A. 位置控制在驱动器上实现　　　　　　B. CNC 不能实时监控坐标轴位

C. 实际轮廓加工精度较低　　　　　　　D. CNC 的输入分辨率较低

8. 当主轴实际转速全部低于 S 指令的转速时，CNC 应进行的调整是（　　）

A. 增加主轴模拟量输出偏移参数　　　　B. 减小主轴模拟量输出偏移参数

C. 增加主轴模拟量输出增益参数　　　　D. 减小主轴模拟量输出增益参数

9. 从网络控制的角度看，FS-0iC/D 包含的网络系统有（　　）

A. FSSB 网络　　　　B. I/O-Link 网络　　　　C. 工业以太网　　　　D. CC-Link 网

10. 以下对 FS-0iC/D 的 I/O 单元连接描述正确的是（　　）

A. I/O 单元依次串联连接　　　　　　　B. 采用总线型拓扑结构

C. 总线输入连接器为 JD1A　　　　　　D. 终端不需要安装终端连接器

11. FS-0iC/D 的 DO 输出驱动能力为（　　）

A. ≤DC 30 V/16 mA　　　　　　　　　B. ≥DC 30 V/16 mA

C. ≤DC 28.8 V/200 mA　　　　　　　D. ≥DC 28.8 V/200 mA

12. FANUC-αi 系列驱动器的组成部件包括（　　）

A. 电源模块　　　　B. 伺服模块　　　　C. 主轴模块　　　　D. 驱动器附件

13. 以下对 αi 系列标准驱动器描述正确的是（　　）

A. 主电源的电压为 3 ~ AC 200 V　　　　B. 主电源的电压为 3 ~ AC 380 V

C. 控制电源的电压为 AC 200 V　　　　D. 控制电源的电压为 DC 24 V

14. FS-0iC/D 数控系统的网络配置的内容包括（　　）

A. 设定 CNC 功能参数　　　　　　　B. FSSB 网络配置

C. I/O-Link 网络配置　　　　　　　D. 串行主轴配置

15. 以下 CNC 中的参数属于"非轴型"参数的是（　　）

A. CNC 功能参数　　　B. 软件限位参数　　　C. 进给速度参数　　　D. I/O 接口参数

16. 以下对 FS-0iC/D 的 FSSB 网络配置功能描述正确的是（　　）

A. 分配 CNC 的轴参数　　　　　　　B. 定义伺服模块的安装位置

C. 定义坐标轴的名称　　　　　　　D. 确定伺服电机的规格

17. 以下 I/O 信号中，PMC 输入地址不能改变的输入信号是（　　）

A. 急停输入　　　　　　　　　　　B. 参考点减速信号

C. 硬件限位信号　　　　　　　　　D. 跳步切削信号

18. 对于 96/64 点输入/输出的 0i-I/O 单元，可以设定的 I/O 名称为（　　）

A. OC011、OC010　　　B. OC011　　　C. /8、/8　　　D. OC021、OC010

19. 与通用 PLC 相比，PMC 的功能侧重于（　　）

A. 过程控制　　　B. 模拟量控制　　　C. PID 调节　　　D. 开关量逻辑控制

20. 以下对 FS-0iC/D 集成 PMC 的控制继电器理解正确的是（　　）

A. 可控制开机的 PMC 程序自动启动　　B. 能够禁止 PMC 程序编辑

C. 能够生效 PMC 程序自动保护功能　　D. 能够禁止 PMC 参数写入

21. 以下对 FS-0iC/D 位置控制理解正确的是（　　）

A. 闭环控制在 CNC 上实现　　　　　B. 闭环可用电动机内置编码器检测位置

C. 闭环位置控制在驱动器上实现　　　D. 全闭环控制需要选配分离器检测单元

22. 以下对坐标轴到位允差参数理解正确的是（　　）

A. 就是机床定位精度　　　　　　　B. 是判定定位是否执行完成的跟随误差值

C. 就是机床重复定位精度　　　　　D. 超过时 CNC 将发生报警

23. 以下对柔性齿轮比参数作用理解正确的是（　　）

A. 提高机床的实际定位精度　　　　B. 提高 CNC 的插补精度

C. 提高机床的实际检测精度　　　　D. 使指令和反馈的脉冲当量一致

24. 以下对坐标轴行程保护设定理解正确的是（　　）

A. 硬件限位应位于软件限位之前　　B. 硬件限位应位于软件限位之后

C. 硬件限位应位于超程急停之前　　D. 硬件限位应位于超程急停之后

25. 以下对镗铣加工机床切削速度理解正确的是（　　）

A. 与刀具的进给速度 F 有关　　　　B. 与主轴的转速 S 有关

C. 与镗铣刀具的直径有关　　　　　D. 与工件的直径有关

26. 以下对 CNC 机床螺纹切削加工功能理解正确的是（　　）

A. 是 Z 轴和主轴位置间的插补　　　　B. 是主轴的 CS 轴控制功能

C. 是 Z 轴跟随主轴位置的进给　　　　D. 需要安装主轴位置编码器

27. 以下对 FS-0iC/D 的主轴传动级交换功能理解正确的是（　　）

A. 用于带机械变速装置的主轴控制

B. 目的是使编程 S 代码和主轴转速一致

C. 传动级选择用 M41～44 代码指令

D. 不同传动级下的主轴最高转速相同

28. 以下对 FS-0iC/D 的主轴 CS 轴控制理解正确的是（　　）

A. 用于螺纹切削加工　　　　　　　　B. 用于刀具交换及镗孔让刀

C. 必须安装主轴位置编码器　　　　　D. 可实现主轴和其他轴的插补

29. 以下属于 CNC 程序运行控制功能的是（　　）

A. 空运行　　　　　B. 单段运行　　　　　C. 选择跳段　　　　　D. 机床锁住

30. FS-0iC/D 用于主轴定向准停控制的 M 代码是（　　）

A. M05　　　　　　　B. M19　　　　　　　C. M29　　　　　　　D. M09

二、计算题

1. 假设某配套 KND100T 的经济型 CNC 车床采用 BD3H 系列步进驱动器和 FHB31 系列步进驱动器，进给系统主要参数如下，试确定 CNC 的电子齿轮比参数。

X 轴：电机与滚珠丝杠直接连接，丝杠导程为 4 mm/r，步进驱动器的电机每转步数设定为 2 000 p/r；

Z 轴：电机与滚珠丝杠直接连接，丝杠导程为 6 mm/r，步进驱动器的电机每转步数设定为 1 000 p/r。

2. 假设某加工中心采用 α 系列驱动器，驱动电机为：主轴电机 α8/8000i、X/Y 轴伺服电机 α8/4000is、Z 轴伺服电机 α12/4000is。试选择该机床的驱动器模块，并确定伺服变压器容量、变压器一次侧和驱动器主电源断路器的额定电流。

3. 假设某数控铣床的主轴转速采用 S 模拟量输出控制，已知主电机的恒功率调速范围为 1 500 ～ 4 500 r/min，机床要求的主轴最高转速为 3 000 r/min，恒功率调速范围为 1∶9。试确定该机床机械变速机构的传动比，并确定 CNC 的传动级交换参数。

三、编程题

编制满足以下不同控制要求，通过启动 X0.1 和停止信号 X0.2（均连接常开触点），控制输出 Y0.1 通断的 PMC 程序。

① 利用梯形图指令编制，当 X0.1 和 X0.2 同时为 "1" 时，输出 Y0.1 断开。

② 利用梯形图指令编制，当 X0.1 和 X0.2 同时为 "1" 时，输出 Y0.1 接通。

③ 利用功能指令 SET、RST 编制，当 X0.1 和 X0.2 同时为 "1" 时，输出 Y0.1 断开。

④ 利用功能指令 SET、RST 编制，当 X0.1 和 X0.2 同时为 "1" 时，输出 Y0.1 接通。

《数控系统调试与维护》课程试卷 B

一、不定项选择题

1. 机床采用 NC 控制的根本目的是解决（ ）

A. 电机调速问题   B. 顺序控制问题

C. 机床精度问题   D. 刀具轨迹控制问题

2. 以下属于 FMC 和加工中心区别的是（ ）

A. FMC 带有机械手   B. FMC 带有工作台自动交换装置

C. FMC 至少有 3 个交换工作台 D. FMC 必须有机器人

3. 一般而言，CNC 使用时对环境湿度的要求是（ ）

A. ≤50%   B. ≤90%   C. ≤70%   D. ≤30%

4. 我国 GB/T 5226.1 标准推荐的总电源通断开关的安装高度是（ ）

A. 1～2 m   B. 0.6～1.9 m   C. 1～1.9 m   D. 0.6～1.7 m

5. 我国 GB/T 5226.1 标准规定，控制系统的正常配线线径应（ ）

A. 大于 0.5 mm^2 B. 大于 0.75 mm^2 C. 大于 1 mm^2 D. 大于 1.5 mm^2

6. 以下常用的 CNC 中，属于普及型 CNC 的有（ ）

A. KND100   B. GSK980

C. FANUC-0iC/D   D. SIEMENS 802C/D

7. 国产普及型 CNC 的主轴连接接口主要有（ ）

A. 主轴转速模拟量输出   B. 串行主轴总线

C. 主轴编码器   D. 主轴速度反馈

8. 当 S 指令为 0 时，如主轴存在低速正转现象，CNC 应进行的调整是（ ）

A. 增加主轴模拟量输出偏移参数 B. 减小主轴模拟量输出偏移参数

C. 增加主轴模拟量输出增益参数 D. 减小主轴模拟量输出增益参数

9. FS-0iC/D 的 I/O 单元连接所采用的网络系统为（ ）

A. CC-Link   B. Profibus-DP   C. I/O-Link   D. ASi

10. 以下可作为 FS-0iC/D 的 I/O 单元与 CNC 直接连接的是（ ）

A. FANUC 标准机床主操作面板 B. 用户自行制作的机床操作面板

C. FANUC-αi 系列驱动器   D. FANUC-βi 系列驱动器

11. 以下 I/O 单元中可以连接手轮的是（ ）

A. FANUC 标准机床主操作面板 B.0i-I/O 单元

C. FANUC 小型机床主操作面板 D 操作面板 I/O 单元

12. FANUC-αi 系列驱动器电源模块的作用是（ ）

A. 驱动伺服电机   B. 驱动主轴电机

C. 提供逆变主回路的直流电压 D. 直流母线电压控制

13. 以下对 αi 系列驱动器主回路设计要求描述正确的是（　　）

A. 需要安装伺服变压器或电抗器　　　　B. 需安装主接触器和断路器

C. 主电源先于控制电源加入　　　　　　D. 控制电源先于主电源加入

14. 以下对 αi 系列驱动器控制总线连接描述正确的是（　　）

A. 连接器为 CXA2A/CXA2B　　　　　　B. 总线采用串联连接

C. 连接器 CXA2A 连接上一模块　　　　D. 连接器 CXA2B 连接上一模块

15. 以下对 FANUC-βi 伺服/主轴集成驱动器描述正确的是（　　）

A. 伺服驱动规格可任意选择　　　　　　B. 主轴驱动规格可任意选择

C. 伺服驱动轴数可任意选择　　　　　　D. 只能选用 2 或 3 伺服 + 1 主轴结构

16. 在机床运行试验中需要反复试验的项目是（　　）

A. 安全电路　　　　B. 急停电路　　　　C. 安全防护门　　　　D. 加工程序

17. FS-0iC/D 数控系统的参数设定可采用的方法是（　　）

A. MDI/LCD 操作　　　　　　　　　　　B. RS232 接口输入

C. 存储器卡装载　　　　　　　　　　　D. 加工程序输入

18. 在数控车床上，以下一般不能作为坐标轴名称设定的地址符是（　　）

A. X2/22　　　　　　B. U/V/W　　　　　C. A/C　　　　　　D. B/E

19. 以下对 FS-0iC/D 的 I/O-Link 网络配置功能描述正确的是（　　）

A. 确定 I/O 单元的地址范围　　　　　　B. 定义 I/O 单元的 PMC 地址

C. 确定 I/O 单元的 I/O 连接　　　　　　D. 定义 I/O 的输入/输出规格

20. 以下 I/O 地址中，PMC 地址与信号功能有明确对应关系的是（　　）

A. 所有 X　　　　　　B. 所有 Y　　　　　C. 所有 G　　　　　　D. 所有 F

21. CNC 集成 PMC 硬件的一般特点是（　　）

A. I/O 模块点数多　　　　　　　　　　B. I/O 模块种类多

C. 功能模块多　　　　　　　　　　　　D. 输入/输出规格统一

22. 以下对 FS-0iC/D 集成 PMC 信号 G*描述准确的是（　　）

A. 输出到 CNC 的 PMC 输出信号　　　　B. 来自 CNC 的 PMC 输入信号

C. 用于 CNC 的运行控制　　　　　　　D. 用于 CNC 的工作状态检测

23. 以下对伺服系统位置跟随理解正确的是（　　）

A. 就是机床定位精度　　　　　　　　　B. 是 CNC 指令位置和机床实际位置的差值

C. 就是机床重复定位精度　　　　　　　D. 全闭环控制时位置跟随误差为 0

24. 以下对柔性齿轮比参数设定理解正确的是（　　）

A. 使实际进给速度和指令一致　　　　　B. 使实际移动距离和指令一致

C. 出于回参考点运动的需要　　　　　　D. 改变伺服电机每转的移动量

25. 以下对车削加工机床切削速度理解正确的是（　　）

A. 与刀具的进给速度 F 有关　　　　　　B. 与主轴的转速 S 有关

C. 与镗铣刀具的直径有关　　　　　　　D. 与工件的直径有关

26. 以下对 CNC 的传动级交换功能理解正确的是（　　）

A. 提高低速输出转矩　　　　　　　　　B. 提高机床主轴的最高转速

C. 扩大恒功率调速范围　　　　　　　　D. 提高主轴的输出功率

27. 以下对 FS-0iC/D 的串行主轴控制连接理解正确的是（   ）

A. 需要专门 I/O-Link 总线连接主轴驱动　　B. 主轴可和 PMC 共用 I/O-Link 总线

C. 需要通过 FSSB 总线连接主轴驱动器　　D. 可以用于通用变频器连接

28. 以下对 FS-0iC/D 的主轴 CS 轴控制理解正确的是（   ）

A. 用于螺纹切削加工　　　　　　　　　　B. 用于刀具交换及镗孔让刀

C. 必须安装主轴位置编码器　　　　　　　D. 可实现主轴和其他轴的插补

29. 以下对 FS-0iC/D 自动运行启动信号理解正确的是（   ）

A. 通过 ST 信号的上升沿启动　　　　　　B. 通过 ST 信号的下降沿启动

C. ST 信号始终需要保持为"1"　　　　　　D. ST 信号始终需要保持为"0"

30. 以下对 FS-0iC/D 的空运行功能理解正确的是（   ）

A. M、S、T 机能输出无效　　　　　　　　B. 快速定位指令 G00 无效

C. 进给速度指令 F 无效　　　　　　　　　D. 进给速度变为 JOG 速度

二、计算题

1. 假设经济型 CNC 车床要求 X、Z 轴快进速度为分别为 3 m/min、6 m/min，最大切削进给速度为 1 m/min，步进电机的最高运行频率为 30 kHz。试计算 KND100T 在快速和切削进给时的最高输出脉冲频率，验证步进电机是否存在"失步"，并确定 CNC 的相关参数。

2. 某机床的 X 轴快进速度为 36 000 mm/min，要求在 1 000 mm/min 进给速度时的位置跟随误差不大于 0.5 mm、定位精度为 0.01 mm。试计算与确定位置环增益、最大允许位置跟随误差、轴停止时最大允许位置跟随误差的值。

3. 假设某机床主轴有 3 级机械变速装置，挡位 1~3 所对应的主轴最高转速分别为 500 r/min、2 000 r/min、8 000 r/min，CNC 的最大 S 模拟量输出为 10 V。试设定 T 型传动级交换参数，并计算不同挡位指令 S400 所对应的 S 模拟量输出电压值。

三、编程题

编制满足以下不同控制要求，通过启动 X0.1（连接常闭触点）和停止信号 X0.2（连接常开触点），控制输出 Y0.1 通断的 PMC 程序。

① 利用梯形图指令编制，当 X0.1 和 X0.2 同时为"1"时，输出 Y0.1 断开。

② 利用梯形图指令编制，当 X0.1 和 X0.2 同时为"1"时，输出 Y0.1 接通。

③ 利用功能指令 SET、RST 编制，当 X0.1 和 X0.2 同时为"1"时，输出 Y0.1 断开。

④ 利用功能指令 SET、RST 编制，当 X0.1 和 X0.2 同时为"1"时，输出 Y0.1 接通。

《数控系统调试与维护》课程试卷 C

一、不定项选择题

1. 以下属于车削类机床特点的是（　　）

A. 工件旋转　　　　　　　　　　　B. 适合轴类零件加工

C. 刀具旋转　　　　　　　　　　　D. 适合法兰类零件加工

2. 作为数控系统的基本组成应包括（　　）

A. MDI/LCD 单元　　B. CNC 单元　　C. 伺服驱动器　　D. 辅助控制器

3. 一般而言，CNC 运行时能够承受的振动是（　　）

A. $\leq 1g$　　　　　　B. $\leq 0.5g$　　　　C. $\leq 2g$　　　　　　D. $\leq 3g$

4. 我国 GB/T 5226.1 标准推荐的电气接线座的最小安装高度是（　　）

A. 0.5 m　　　　　　B. 0.2 m　　　　　C. 1 m　　　　　　D. 0.6 m

5. 电气控制系统的交流控制回路所使用的导线颜色应为（　　）

A. 黑色　　　　　　　B. 红色　　　　　C. 蓝色　　　　　　D. 白色

6. 国产普及型 CNC 允许的位置指令脉冲输出形式为（　　）

A. 线驱动 90°相位差 A/B 两相脉冲　　B. 线驱动"正/反转脉冲"输出

C. 集电极开路"脉冲＋方向"输出　　D. 线驱动"脉冲＋方向"输出

7. 为了保证数控车床电动刀架的可靠锁紧，CNC 应进行的调整是（　　）

A. 增加反转延时　　　　　　　　　B. 增加锁紧时间

C. 减少反转延时　　　　　　　　　D. 减少锁紧时间

8. 当 FS-0iC/D 与计算机连接时，可以使用的通信方式为（　　）

A. 以太网　　　　　　B. Profibus-DP　　C. I/O-Link　　　　D. RS232C

9. FS-0iC/D 的 CNC 单元对输入电源的电压要求是（　　）

A. DC 24 V$^{+10\%}_{-15\%}$　　　　　　　　　B. DC 24 V（$1 \pm 10\%$）

C. AC 24 V$^{+10\%}_{-15\%}$　　　　　　　　　D. AC 24 V（$1 \pm 10\%$）

10. 以下对 FS-0iMateD 的 I/O 单元连接描述正确的是（　　）

A. 1 个单元的最大 DI/DO 点为 256/256　　B. 最大 DI/DO 点为 256/256

C. 最大 DI/DO 点为 240/160　　　　　　D. 最大可以连接 3 个手轮

11. 以下对 αi 系列驱动器模块安装描述正确的是（　　）

A. 电源模块应安装在左侧　　　　　B. 主轴模块紧邻电源模块安装

C. 所有模块的直流母线并联　　　　D. 伺服模块紧邻电源模块安装

12. 以下对 αi 系列驱动器主接触器控制输出描述正确的是（　　）

A. 连接端为 CX3-1/3　　　　　　　B. 触点驱动能力为 DC 30 V/16 mA

C. 连接端为 CX4-2/3　　　　　　　D. 触点驱动能力为 AC 250 V/2 A

13. 以下对 αi 系列驱动器伺服模块描述正确的是（　　）

A. 可以选择 1～3 轴驱动模块　　　　　　B. 只能选择单轴驱动

C. 模块有独立的电源整流电路　　　　　　D. 模块可独立使用

14. 以下对 αi 系列驱动器绝对编码器电池安装描述正确的是（　　）

A. 驱动模块只能使用独立电池盒

B. 驱动模块只能使用公共电池盒

C. 用独立电池盒时应断开控制总线上的 BATL 线

D. 公共电池盒连接在 CX5 上

15. 以下对 FS-0iC/D 的 CNC 参数输入描述正确的是（　　）

A. PW000 报警时需要重新启动 CNC　　　B. SW100 报警时不能输入参数

C. 连续的参数值输入可用"："隔开　　　　D. 参数可用增量形式输入

16. FS-0iC 的分离型检测单元和未使用的伺服模块，其从站地址应设定为（　　）

A. 0、0　　　　　　B. 16、0　　　　　　C. 16、40　　　　　　D. 0、16

17. 对于 96/64 点输入/输出的 0i-I/O 单元，可以设定的 I/O 名称为（　　）

A. OC011、OC010　　B. OC011、/8　　C. /8、/8　　　　　D. OC021、OC010

18. 当 CNC 参数中的第 2 轴参数用于 Z 轴时，Z 轴的轴号为（　　）

A. 1　　　　　　　　B. 2　　　　　　　　C. 3　　　　　　　　D. 0

19. CNC 集成 PMC 软件的一般特点是（　　）

A. 编程指令的数量较多　　　　　　　　　B. 有机床控制的特殊指令

C. 可通过 CNC 面板编辑程序　　　　　　D. 有特殊的内部 CNC 控制信号

20. 以下对 FS-0iC/D 集成 PMC 信号 F* 描述准确的是（　　）

A. 输出到 CNC 的 PMC 输出信号　　　　B. 来自 CNC 的 PMC 输入信号

C. 用于 CNC 的运行控制　　　　　　　　D. 用于 CNC 的工作状态检测

21. 以下对伺服系统位置环增益正确的是（　　）

A. 提高增益可减少位置跟随误差　　　　　B. 增加机械刚性可提高增益

C. 增加电机转矩可提高增益　　　　　　　D. 增加全闭环可提高增益

22. 以下对坐标轴最小移动单位理解正确的是（　　）

A. 是加工程序的最小程序位置值　　　　　B. 是 CNC 的最小位置显示值

C. 是机床能够移动的最小位置量　　　　　D. 是位置检测期间的检测精度

23. 以下对镗铣加工机床切削速度理解正确的是（　　）

A. 与刀具的进给速度 F 有关　　　　　　　B. 与主轴的转速 S 有关

C. 与镗铣刀具的直径有关　　　　　　　　D. 与工件的直径有关

24. 以下对 FS-0iC/D 的 T 型传动级交换理解正确的是（　　）

A. 可以用于 FS-0iT 和 FS-0iM　　　　　　B. 在任意传动级下都可以输出低速

C. 转速输出与实际传动级有关　　　　　　D. 可根据指定转速自动选择传动级

25. 以下对 FS-0iC/D 的串行主轴控制功能理解正确的是（　　）

A. 可直接通过 CNC 控制主轴　　　　　　B. 主轴参数和调整可在 CNC 上实现

C. 主轴参数和调整在驱动器上实现　　　　D. 必须使用 FANUC 主轴驱动器

26. 以下对 FS-0iC/D 的主轴定向准停功能理解正确的是（　　）

A. 用于螺纹切削加工　　　　　　　　B. 用于刀具交换及镗孔让刀

C. 必须安装主轴位置编码器　　　　　　D. 用于刀具夹紧、松开控制

27. 以下对 FS-0iC/D 的进给保持操作理解正确的是（　　　）

A. 可通过 ST 信号的置"0"实现　　　　B. 可通过*SP 信号的置"0"实现

C. 可通过操作方式切换到手动实现　　　D. 可通过面板的进给保持按钮实现

28. 以下对 FS-0iC/D 的 M 代码输出理解正确的是（　　　）

A. 输出为 BCD 格式　　　　　　　　　B. 输出为二进制格式

C. 信号直接输出到外部　　　　　　　　D. 在 MF 为"1"时输出有效

二、计算题

1. 假设某配套 KND100T 的经济型 CNC 车床配套三相反应式的步进电机驱动系统，X 轴的进给系统的主要参数如下，试计算该进给系统的脉冲当量，并确定 CNC 的电子齿轮比和快进速度参数。

机械结构：电机与滚珠丝杠直接连接，丝杠导程为 5 mm/r；

步进驱动：步进电机型号为 110BC380C，步距角为 0.75°，空载最高运行频率为 12 kHz，步进驱动器无细分功能。

2. 假设某坐标轴采用半闭环控制，电机每转移动量为 10 mm，最小移动单位为 0.001 mm，如采用 FANUC 伺服电机内置编码器作为位置检测元件，试确定该坐标轴的指令倍乘比、柔性齿轮比、参考计数器容量参数。

3. 假设某模拟量输出控制的主轴，执行指令 S0 时，实测的模拟输出电压为 40 mV，在最高转速 S8000，实测的模拟量输出电压为 10.2 V。试确定漂移与增益参数。

三、编程题

假设某 CNC 机床的主轴箱润滑（输出 Y10.1）的控制要求如下，试确定其 PMC 控制程序。

① 如润滑泵的油箱油位检测开关 X0.0 = 1（有润滑油）；自动润滑功能生效，润滑泵每隔 5 min 启动一次。

② 润滑系启动 10 s 后，自动关闭润滑泵，并在 5 min 后重新启动。

③ 在任何时刻，只要按下机床操作面板上的"主轴润滑"按钮（X0.2 = 1），可随时启动润滑泵，松开按钮后即停止。

《数控系统调试与维护》课程试卷 D

一、不定项选择题

1. 以下属于立式镗铣类机床特点的是（   ）

A. 工件旋转   B. 适合轴类零件加工

C. 刀具旋转   D. 适合法兰类零件加工

2. 国产普及型 CNC 和进口全功能 CNC 的本质区别在于（   ）

A. 不能由 CNC 实现列环位置控制   B. 不能使用交流伺服驱动

C. 不能实现多轴控制   D. 不能控制主轴转速

3. 以下情况，需要对驱动器的额定输入电压进行修正的是（   ）

A. 海拔高于 500 m   B. 海拔高于 1 000 m

C. 海拔高于 2 000 m   D. 海拔高于 3 000 m

4. 我国 GB/T 5226.1 标准规定，急停、停止按钮的颜色应选用（   ）

A. 绿色   B. 黄色   C. 红色   D. 白色

5. CE（EN 60204-1）标准规定，设备急停开关应满足的条件是（   ）

A. 能够保持在分断位置   B. 满足强制执行条件

C. 能分断全部主电路   D. 使用双手操作按钮

6. 国产普及型 CNC 的伺服连接接口的主要连接信号有（   ）

A. 位置反馈信号   B. 位置指令信号

C. 驱动使能信号   D. 驱动报警信号

7. 如果坐标轴停止时出现振动和噪声，驱动器应进行的调整是（   ）

A. 增加位置调节器增益   B. 减小位置调节器增益

C. 增加速度调节器积分时间   D. 减小速度调节器增益

8. FS-0iC/D 对 DI 信号的输入要求是（   ）

A. 触点容量≤DC 30 V/16 mA   B. 触点容量≥DC 30 V/16 mA

C. 触点容量≤DC 28.8 V/200 mA   D. 触点容量≥DC 28.8 V/200 mA

9. 以下列对 αi 系列驱动器主轴模块描述正确的是（   ）

A. 驱动器必须选配主轴模块   B. 驱动器可选配多个主轴模块

C. 主轴模块可以独立使用   D. 主轴可选配多轴驱动模块

10. 以下对 αi 系列驱动器伺服模块安装描述正确的是（   ）

A. X、Y、Z 轴模块必须依次安装   B. 模块可在驱动器的任意位置安装

C. 模块必须紧邻电源模块安装   D. 安装在主轴模块的右侧

11. FS-0iC/D 数控系统的网络配置的内容包括（　　）

A. 设定 CNC 功能参数　　　　　　　　B. FSSB 网络配置

C. I/O-Link 网络配置　　　　　　　　D. 串行主轴配置

12. FS-0iC/D 数控系统的参数设定可采用的方法是（　　）

A. MDI/LCD 操作　　　　　　　　　　B. RS232 接口输入

C. 存储器卡装载　　　　　　　　　　D. 加工程序输入

13. 西门子 840D 数控系统的参数设定可采用的方法是（　　）

A. MDI/LCD 操作　　　　　　　　　　B. RS232 接口输入

C. 存储器卡装载　　　　　　　　　　D. 加工程序输入

14. 当驱动器的第 1 个伺服模块用于 Z 轴驱动器，Z 轴的从站地址应设定为（　　）

A. 1　　　　　　　　B. 2　　　　　　　　C. 3　　　　　　　　D. 0

15. 以下对 FS-0iC/D 的 I/O-Link 网络配置功能描述正确的是（　　）

A. 确定 I/O 单元的地址范围　　　　　　B. 定义 I/O 单元的 PMC 地址

C. 确定 I/O 单元的 I/O 连接　　　　　　D. 定义 I/O 的输入、输出规格

16、FS-0iC/D 集成 PMC 的机床、操作面板的输入信号地址为（　　）

A. X　　　　　　　　B. Y　　　　　　　　C. I　　　　　　　　D. O

17. 以下对 FS-0iC/D 集成 PMC 符号地址描述准确的是（　　）

A. 有唯一的物理存储器地址　　　　　　B. 可以完全替代绝对地址

C. 可以和绝对地址混合编程　　　　　　D. 名称不能改变

18. 以下对坐标轴最大跟随误差参数理解正确的是（　　）

A. 是快速移动时的跟随误差

B. 是加减速时的跟随误差

C. 是坐标轴运动时允许的最大跟随误差

D. 超过时 CNC 将发生报警

19. 以下可以直接停止坐标轴手动进给的 PMC 信号是（　　）

A. 坐标轴互锁信号　　　　　　　　　　B. 机床锁住信号

C. 硬件限位信号　　　　　　　　　　　D. 参考点减速信号

20. 以下对 FS-0iC/D 坐标轴参考点理解正确的是（　　）

A. 就是机床坐标系原点　　　　　　　　B. 确定机床坐标原点的基准为主

C. 就是工件坐标系原点　　　　　　　　D. 参考点减速信号

21. 以下对 FS-0iC/D 反向间隙补偿功能理解正确的是（　　）

A. 用来补偿机械传动系统间隙　　　　　B. 不同位置可设定不同补偿值

C. 不同坐标轴可设定不同补偿值　　　　D. 快速和进给可设定不同补偿值

22. 以下对车削加工机床切削速度理解正确的是（　　）

A. 与刀具的进给速度 F 有关　　　　　B. 与主轴的转速 S 有关

C. 与镗铣刀具的直径有关　　　　　　D. 与工件的直径有关

23. 以下对 FS-0iC/D 的 M 型传动级交换理解正确的是（　　　）

A. 只能用于 FS-0iT　　　　　　　　B. 在任意传动级下都可以输出低速

C. 只能用于 FS-0iM　　　　　　　　D. 可根据指定转速自动选择传动级

24. 以下对 FS-0iC/D 的线速度恒定控制功能理解正确的是（　　　）

A. 一般用于工件回转的车削加工　　　B. 可以保证主轴转速恒定

C. 可根据切削直径改变主轴转速　　　D. 程序中的 S 代码指令主轴转速

25. 以下对 FS-0i C/D 的主轴定向准停功能理解正确的是（　　　）

A. 用于螺纹切削加工　　　　　　　　B. 用于刀具交换及镗孔让刀

C. 必须安装主轴位置编码器　　　　　D. 用于刀具夹紧、松开控制

26. 以下对 FS-0iC/D 的单段运行理解正确的是（　　　）

A. 对 MDI 运行无效　　　　　　　　B. 通过 M01 代码控制

C. 对攻丝循环无效　　　　　　　　　D. 通过暂停指令 G04 控制

27. 以下对 FS-0iC/D 的 M 机能处理方法正确的是（　　　）

A. 译码应在 MF 为"1"时进行　　　　B. 执行完成后用 FIN 应答

C. 可以和坐标轴运动同时执行　　　　D. 实际动作由 PMC 程序决定

二、计算题

1. 假设某普及型数控车床采用 SD100 伺服驱动，CNC 输出的位置指令脉冲当量为 0.001 mm，机床 X 轴滚珠丝杠导程为 5 mm、Z 轴滚珠丝杠导程为 10 mm，电机与丝杠均为直接连接。试计算 SD100 的电子齿轮比参数。

三、编程题

假设某机床的导轨润滑泵（输出 X0.1）的要求如下，试编制其 PMC 程序。

① 如润滑油箱的油位检测开关 X0.0 = 1（有润滑油）；自动润滑功能生效，润滑泵每隔 15 min 启动一次。

② 润滑泵启动后，如果导轨润滑压力到达（X0.1 = 1），则关闭润滑泵，等到压力下降后（X0.1 = 0），再经 15 min 重新启动。

③ 在任何时刻，只要按下机床操作面板上的"点动润滑"按钮（X0.2 = 1），可随时启动润滑泵，松开按钮后即停止。

《数控系统调试与维护》课程试卷 E

一、不定项选择题

1. 以下属于车削中心和数控车床区别的是（   ）

A. 可安装旋转刀具
B. 带有 Y 轴控制功能
C. 能够自动换刀
D. CS 轴控制

2. NC 机床的刀具运动轨迹控制通过改变（   ）

A. 插补脉冲频率实现
B. 插补脉冲当量实现
C. 插补脉冲分配实现
D. 插补脉冲数量实现

3. CNC、I/O 模块、PLC 等部件的进/出风区空间至少应（   ）

A. 大于 50 mm
B. 大于 80 mm
C. 大于 100 mm
D. 大于 30 mm

4. 我国 GB/T 5226.1 标准规定，启动、接通按钮颜色可以选用（   ）

A. 绿色
B. 黄色
C. 红色
D. 白色

5. CE（EN 60204-1）标准规定，设备安全电路应满足的条件是（   ）

A. 实现冗余控制
B. 必须满足强制执行条件
C. 不能通过 PLC 控制
D. 不能加入紧急分断外的其他元件

6. 如果坐标轴出现到位时的停止过程较长，驱动器应进行的调整是（   ）

A. 增加位置调节器增益
B. 减小位置调节器增益
C. 减小速度调节器积分时间
D. 增加速度调节器增益

7. FS-0iC/D 的 DI 输入可连接的 DI 信号形式为（   ）

A. DC 24 V 电源输入
B. DC 24 V 汇点输入
C. AC 200 V 输入
D. AC 24 V 输入

8. FS-0iC/D 的 DO 输出驱动形式为（   ）

A. 继电器触点
B. NPN 晶体管集电极开路
C. 双向晶闸管
D. PNP 晶体管集电极开路

9. 以下对 αi 系列标准驱动器主电源输入电压要求描述正确的是（   ）

A. AC 200 V$_{+10\%}^{-15\%}$
B. AC 210 V$_{+10\%}^{-15\%}$
C. AC 220 V$_{+10\%}^{-15\%}$
D. AC 240 V$_{+10\%}^{-15\%}$

10. 以下对 αi 系列驱动器主轴模块安装描述正确的是（   ）

A. 可在驱动器的任意位置安装
B. 必须紧邻电源模块安装
C. 必须安装在伺服模块的右侧
D. 第 2 主轴模块的安装位置无要求

11. 以下对 αi 系列驱动器伺服模块安装描述正确的是（   ）

A. X、Y、Z 轴模块必须依次安装
B. 模块可在驱动器的任意位置安装

C. 模块必须紧邻电源模块安装　　　　D. 安装在主轴模块的右侧

12. 以下对 FANUC-βi 伺服/主轴集成驱动器电源输入描述正确的是（　　）

A. 主电源只能为 3 ~ AC 200 V　　　　B. 主电源可选择 3 ~ AC 400 V

C. 控制电源输入为 DC 24 V　　　　　D. 控制电源输入为 AC 200 V

13. 以下 CNC 中的参数属于"非轴型"参数的是（　　）

A. CNC 功能参数　　　　　　　　　　B. 软件限位参数

C. 进给速度参数　　　　　　　　　　D. I/O 接口参数

14. FS-0iC/D 数控系统的参数设定可采用的方法是（　　）

A. MDI/LCD 操作　　　　　　　　　　B. RS232 接口输入

C. 存储器卡装载　　　　　　　　　　D. 加工程序输入

15. 以下对 FS-0iC/D 的 FSSB 网络配置功能描述正确的是（　　）

A. 分配 CNC 的轴参数　　　　　　　　B. 定义伺服模块的安装位置

C. 定义坐标轴的名称　　　　　　　　D. 确定伺服电机的规格

16. 当驱动器的第 1 个伺服模块用于 Z 轴驱动器，Z 轴的伺服轴号应设定为（　　）

A. 1　　　　　　　B. 2　　　　　　　C. 3　　　　　　　D. 0

17. 以下对 FS-0iC/D 的 FSSB 网络配置功能描述正确的是（　　）

A. 确定 I/O 单元的地址范围　　　　　B. 定义 I/O 单元的 PMC 地址

C. 确定 I/O 单元的 I/O 连接　　　　　D. 定义 I/O 的输入与输出规格

18. 以下对 FS-0iC/D 的 I/O-Link 网络配置功能描述正确的是（　　）

A. 顺序功能图　　　　B. 梯形图　　　　C. 指令表　　　　D. 逻辑功能图

19. 指令 DECB 用于 FS-0iD 的 M 代码译码时，以下理解正确的是（　　）

A. 需要进行二/十进制转换　　　　　　B. 一次可以译出 8 个 M 代码

C. 只能用于 M00 ~ M99 译码　　　　　D. 可用于 M0 ~ M99999999 译码

20. 以下对坐标轴停止时最大跟随误差参数理解正确的是（　　）

A. 就是机床定位精度　　　　　　　　B. 是坐标轴停止时允许的最大跟随误差

C. 就是机床重复定位精度　　　　　　D. 超过时 CNC 将发生报警

21. 在选用增量编码器的机床上优先采用的回参考点方式是（　　）

A. 减速开关回参考点　　　　　　　　B. 无减速开关回参考点

C. 机械碰撞式回参考点　　　　　　　D. 绝对零点回参考点

22. 以下对镗铣加工机床切削速度理解正确的是（　　）

A. 与刀具的进给速度 F 有关　　　　　B. 与主轴的转速 S 有关

C. 与镗铣刀具的直径有关　　　　　　D. 与工件的直径有关

23. 以下对 FS-0iC/D 的主轴传动级交换功能理解正确的是（　　）

A. 用于带机械变速装置的主轴控制　　B. 目的是使编程 S 代码和主轴转速一致

C. 传动级选择用 M41 ~ 44 代码指令　　D. 不同传动级下的主轴最高转速相同

24. 以下对 FS-0iC/D 的主轴定位功能理解正确的是（　　）

A. 用于螺纹切削加工　　　　　　　　B. 用于刀具交换及镗孔让刀

C. 必须安装主轴位置编码器　　　　　D. 可实现主轴和其他轴的插补

25. 以下对主轴编码器配置理解正确的是（　　）

A. 螺纹切削加工时必须配置　　　　　　B. 主轴定向准停控制时必须配置

C. 主轴定位控制时必须配置　　　　　　D. CS 轴控制时必须配置

26. 以下属于 CNC 辅助功能调试的是（　　）

A. 自动换刀　　　　B. 冷却润滑　　　　C. 工作台交换　　　　D. 主轴传动级交换

27. 以下对 FS-0iC/D 的进给保持功能理解正确的是（　　）

A. 可中断自动运行的所有动作　　　　　B. 一般不能停止攻丝循环

C. 可以保持现行状态信息　　　　　　　D. 坐标轴的剩余行程保留

二、计算题

1. 假设某普及型数控车床采用安川 Σ Ⅱ 伺服驱动器，电机内置 2^{17} 的增量编码器；机床 X 轴的电机与丝杠直接连接，丝杠导程为 $h = 10 \text{ mm}$，如 KND100 的输出指令脉冲当量 $\delta_s = 0.001 \text{ mm}$，试确定 X 轴的电子齿轮比参数。

2. 假设某机床的 A 轴为半闭环控制的 $360°$ 圆转工作台，蜗轮蜗杆的减速比为 $180 : 1$，CNC 的最小移动单位为 $0.001°$，如采用 FANUC 伺服电机内置编码器作为位置检测元件，试确定该坐标轴的指令倍乘比、柔性齿轮比、参考计数器容量参数。

参考文献

[1] 李福生. 实用数控机床技术手册[M]. 北京：北京出版社，1993.

[2] 严爱珍. 机床数控原理与系统[M]. 北京：机械工业出版社，2004.

[3] 王侃夫. 数控机床控制技术与系统[M]. 北京：机械工业出版社，2003.

[4] 叶伯生. 数控原理及系统[M]. 北京：中国劳动社会保障出版社，2004.

[5] 熊新民. 自动控制原理与系统[M]. 北京：电子工业出版社，2003.

[6] 王侃夫. 数控机床故障诊断及维护[M]. 北京：机械工业出版社，2000.

[7] 孙汉卿. 数控机床维修技术[M]. 北京：机械工业出版社，2000.

[8] 刘永久. 数控机床故障诊断与维修技术[M]. 北京：机械工业出版社，2006.

[9] 徐衡. FANUC 系统数控机床维修[M]. 沈阳：辽宁科学技术出版社，2005.

[10] 黄卫. 数控机床及故障诊断技术[M]. 北京：机械工业出版社，2004.

[11] 龚仲华. 数控机床故障诊断与维修 500 例[M]. 北京：机械工业出版社，2004.

[12] 龚仲华. FANUC 0iC 数控系统完全应用手册[M]. 北京：人民邮电出版社，2009.

[13] 龚仲华. 数控系统连接与调试[M]. 北京：高等教育出版社，2012.

[14] 周兰，常晓俊. 现代数控加工设备[M]. 北京：机械工业出版社，2005.

[15] 孙德茂. 数控机床逻辑控制编程技术[M]. 北京：机械工业出版社，2008.

[16] 宋松，李兵. FANUC 0i 系列数控系统连接调试与维修诊断[M]. 北京：化学工业出版社，2010.

[17] 李宏胜，朱强，曹锦江. FANUC 数控系统维护与维修[M]. 北京：高等教育出版社，2011.

[18] 刘江，卢鹏程，许朝山. FANUC 数控系统 PMC 编程[M]. 北京：高等教育出版社，2011.